数据科学与大数据技术系列

大数据导论
——大数据思维与创新应用

何　明　何红悦　禹明刚　编著
周　波　牛彦杰　余永佳

电子工业出版社
Publishing House of Electronics Industry
北京·BEIJING

内 容 简 介

当前,大数据思维作为一种前瞻性的思维模式,在政府决策、商业规划和科学研究等领域正发挥着重大作用。大数据已成为重要的战略性资源,受到政府部门、各行业企业及研究机构的重视和关注。本书主要研究大数据思维,探索创新应用,从大数据时代、大数据战略、大数据思维、大数据产业、大数据技术、各行业大数据应用,以及大数据未来发展趋势等多维度、多层次、多领域全面展开诠释。为方便读者使用,本书配备了电子课件,读者可登录华信教育资源网 www.hxedu.com.cn 免费下载。

本书适合大数据爱好者、大数据从业者和政府机关相关人员阅读,也可作为相关行业和学术领域研究者的参考书,以及大学相关课程教材。

未经许可,不得以任何方式复制或抄袭本书之部分或全部内容。

版权所有,侵权必究。

图书在版编目(CIP)数据

大数据导论:大数据思维与创新应用 / 何明等编著. — 北京:电子工业出版社,2020.1
ISBN 978-7-121-35941-5

Ⅰ. ①大… Ⅱ. ①何… Ⅲ. ①数据处理－高等学校－教材 Ⅳ. ①TP274

中国版本图书馆 CIP 数据核字(2019)第 011663 号

策划编辑:秦淑灵 杜 军
责任编辑:苏颖杰
印　　刷:三河市华成印务有限公司
装　　订:三河市华成印务有限公司
出版发行:电子工业出版社
　　　　　北京市海淀区万寿路 173 信箱　邮编:100036
开　　本:720×1000　1/16　印张:14　字数:355 千字
版　　次:2020 年 1 月第 1 版
印　　次:2020 年 1 月第 1 次印刷
定　　价:59.00 元

凡所购买电子工业出版社图书有缺损问题,请向购买书店调换。若书店售缺,请与本社发行部联系,联系及邮购电话:(010)88254888,88258888。

质量投诉请发邮件至 zlts@phei.com.cn,盗版侵权举报请发邮件至 dbqq@phei.com.cn。

本书咨询联系方式:qinshl@phei.com.cn。

序

《大数据导论——大数据思维与创新应用》是中国人民解放军陆军工程大学青年学者何明教授及其科研团队的又一佳作，也可看作3年前出版的《互联网+思维与创新》一书的姊妹篇。正如作者所言："大数据好比价值密度低的'贫矿'，大数据应用好比'沙海淘金''大海捞针'，其间充满了不确定性和偶然性。"因此，大数据思维的基本出发点是"变废为宝"，从海量的、看似无用的数据中发现潜在的利用价值。与传统的小数据相比，大数据来源广泛、获取容易，但对其进行挖掘利用要困难得多。在信息社会中，数据被视为与物质、能量同等重要的社会资源，大数据是一种稀释的资源，不同数据均弥足珍贵，只是在价值的显现程度上有差异。因此，我们不能对大数据视而不见或毫不可惜地丢弃海量数据。大数据思维有助于拓展我们对数据价值的认识，更重要的是启示我们要善于发现大数据、关注大数据、管好大数据。

该书多次强调，与传统的数据分析相比，数据挖掘得到的是关联关系而不是因果关系。许多看似毫不相关的事实，其背后隐藏着千丝万缕的联系。从哲学意义上讲，大数据分析是用宏观整体思维替代抽样统计思维，是用有偏差的数据分析替代精确的数值计算，是用定量的计算思维替代定性的理性思维。用相关性改变人们长期以来对因果关系的偏爱，是认识论的一次深刻转型。通过大数据可获得万物间相互联系的特殊规律，这些规律有一定预见能力，丰富了人们的知识，但大数据的不足之处是缺乏演绎能力，人们只能知其然而不知其所以然。经过实践的检验，这些规律或许被认为是客观规律，或许需要二次解读和理性分析。总之，数据挖掘已成为科学研究的第四范式，是对试验观察、理论推导、模拟仿真等方法的补充。但我们不能满足于关联规律的发现，只有揭示了数据内在的因果关系，才能更深入地理解和科学地运用这些客观规律。

该书专辟一章论述大数据技术。大数据技术本身不是一门学科，而是一种方法，它与云计算、机器学习等新技术密切相关。面对海量异构、动态变化、质量低劣的数据，传统的数据处理方法难以为继，而新的处理分析技术还不够成熟。与国外相比，我们在大数据技术方面还有一定差距，但也有相对优势，比如有广泛的大数据资源，网民的数量位居世界之首，有的省市成立了"大数据发展局""大数据管理局"，许多智慧城市建设将大数据应用作为亮点……我们有理由相信，在技术、产业的相互促进下，我国的大数据应用必将后来居上。

该书虽冠名"大数据"，但在介绍典型产业的创新应用时，也包含了小数据的运用。平心而论，两种数据之间并无严格的界限，况且在发展数字化、信息化的道路上，小数据的共享、挖掘、安全等问题还没有得到很好的解决，大数据又提出了新的挑战。为此，不少学者呼吁，在数据资源利用上，不能抓"大"放"小"、盲目跟风，对大数据的创新应用期望值不宜过高，更不能减少对小数据应用的研究。

该书内容深入浅出，并配有大量的应用案例，可作为规划、管理人员理解大数据的入门指南，也可作为大数据教学、科研人员的参考资料。随着我国信息化建设的深入和普及，我们相信将会有新的素材、新的案例不断补充进来，使该书内容更加翔实。在此，谨祝愿我国大数据应用之树枝繁叶茂，祝愿我国大数据产业发展日新月异。

中国工程院院士 戴浩

2019 年 11 月

前　言

　　随着人工智能、5G 及区块链技术的发展，大数据进入了深度发展时期，在政府服务、工业生产、科学研究等领域得到了空前应用，已成为事关国家经济社会发展的战略性资源。我国对运用大数据加强社会各领域建设极其重视，"一带一路""京津冀协同发展""军民融合"等战略与大数据紧密相关，各级政府也陆续成立了大数据管理机构。党的十九大报告指出，要推动互联网、大数据、人工智能和实体经济深度融合；《2019 年国务院政府工作报告》中指出，要深化大数据、人工智能等研发应用。因此，大数据对社会各行各业的支撑作用和影响会继续加强。

　　从哲学层面看，大数据思维是一种全新的思维模式。传统的自然思维模式诞生于依赖小数据和精确性的时代，看重精确性和因果关系，是信息缺乏的产物。大数据思维模式主要侧重考虑数据的整体性和相关性，一开始会与人类直觉相矛盾，但接受数据的不精确和不完美，反而使人类能够更好地预测未来和理解世界，帮助人类进一步接近事实的真相。

　　本书立足于当前大数据在各行各业的发展现状，根据理论创新与实践应用相结合的原则，较全面地介绍了大数据时代、战略、思维、产业和技术，并结合当前国家省市机构体制改革背景，选取市场监管、综合交通、农业农村、政务服务、公共安全、医疗健康等行业的创新应用，阐述了如何运用大数据更好地履行政府职能和提升企业效益。本书内容包括 10 章：第 1 章拥抱大数据时代；第 2 章概览大数据战略；第 3 章从哲学、运营、理政、创新等角度剖析大数据思维；第 4 章跟踪大数据产业进展；第 5 章介绍大数据技术；第 6 章至第 9 章分别分析市场监管大数据、综合交通大数据、农业农村大数据及其他行业大数据应用案例；第 10 章展望大数据的未来。

　　全书内容经过多次讨论和修改才得以定稿，力求能够系统梳理国内外大数据相关成果，创新大数据思维，并做到逻辑严谨、文字顺畅、深入浅出，以期为大数据从业人员、研究人员和政府决策人员提供借鉴和启发。尽管本书编写时投入了大量的资源和精力，但书中仍难免存在错误和疏漏之处，敬请广大读者批评指正。

感谢江苏省社会公共安全应急管控与指挥工程技术研究中心、江苏省社会公共安全科技协同创新中心和江苏省应急处置工程研究中心为本书编写提供案例支持。本书的出版得到国家重点研发计划 2018YFC0806900，国家自然科学基金(青年)71901217，中国博士后科学基金资助项目 2018M633757，江苏省重点研发计划 BE2015728、BE2016904、BE2017616、BE2018754、BE2019762 等项目的支持。

感谢李功淼、张玉恒、肖毅、徐兵、张乔、王文、刘叶芳、仇功达、杨壹、许元云、张斌、顾凌枫、杨铖和刘祖均等人为本书所做的工作。特别感谢我的博士后导师戴浩院士，他以严谨的学术态度认真审阅了书稿，并对书稿提出了细致且有针对性的修改意见，使本书增色不少。

何 明

2019 年 11 月

目　　录

第1章　大数据时代——日新月异 ... 1
1.1　大数据的崛起 ... 1
1.1.1　数据大爆炸 ... 1
1.1.2　洞悉大数据 ... 2
1.1.3　小数据与大数据 ... 6
1.2　大数据的成长 ... 8
1.2.1　互联网技术推动了大数据的泛在化 ... 8
1.2.2　存储技术支撑了大数据的大容量化 ... 8
1.2.3　计算能力加速了大数据的实时化 ... 8
1.3　挑战与机遇 ... 9
1.3.1　数据的挑战与机遇 ... 9
1.3.2　技术的挑战与机遇 ... 10
1.3.3　用户的挑战与机遇 ... 10

第2章　大数据战略——高瞻远瞩 ... 12
2.1　国外战略 ... 12
2.1.1　美国 ... 13
2.1.2　欧盟 ... 14
2.2　国内战略 ... 15
2.2.1　历史机遇 ... 15
2.2.2　发展规划 ... 17
2.2.3　战略蓝图 ... 19
2.3　大事记 ... 21
2.3.1　学术界大事记 ... 21
2.3.2　产业界大事记 ... 23

第3章 大数据思维——革故鼎新 ... 25
3.1 哲学思维 ... 25
3.1.1 总体思维 ... 26
3.1.2 相关思维 ... 27
3.1.3 容错思维 ... 27
3.2 运营思维 ... 28
3.2.1 数据收集思维 ... 28
3.2.2 数据管理思维 ... 29
3.2.3 数据应用思维 ... 31
3.2.4 数据价值思维 ... 33
3.2.5 数据事实思维 ... 36
3.3 理政思维 ... 37
3.3.1 高效决策思维 ... 37
3.3.2 阳光理政思维 ... 37
3.3.3 数据赋能思维 ... 38
3.4 创新思维 ... 39
3.4.1 跨界思维 ... 39
3.4.2 智能思维 ... 40
3.4.3 赋能思维 ... 40

第4章 大数据产业——风生水起 ... 42
4.1 大数据产业概述 ... 42
4.1.1 发展阶段及市场规模 ... 43
4.1.2 产业链与商业模式 ... 47
4.1.3 产业应用领域 ... 53
4.2 国外大数据产业 ... 54
4.2.1 美国 ... 55
4.2.2 日本 ... 55
4.2.3 欧盟 ... 56
4.3 国内大数据产业 ... 57

  4.3.1 产业现状 ··············· 57
  4.3.2 存在问题 ··············· 60
  4.3.3 努力方向 ··············· 62
 4.4 实体经济+大数据 ··············· 63

第5章 大数据技术——神兵利器 ··············· 65
 5.1 大数据技术概述 ··············· 65
 5.2 大数据处理框架 ··············· 67
  5.2.1 Hadoop ··············· 67
  5.2.2 Storm ··············· 68
  5.2.3 Spark ··············· 70
 5.3 数据采集与清洗 ··············· 70
  5.3.1 数据采集 ··············· 71
  5.3.2 数据清洗 ··············· 73
 5.4 数据存储与管理 ··············· 75
  5.4.1 分布式文件系统 ··············· 75
  5.4.2 NoSQL ··············· 76
  5.4.3 多维索引技术 ··············· 78
 5.5 数据挖掘与分析 ··············· 79
  5.5.1 数据挖掘的过程 ··············· 80
  5.5.2 新型数据挖掘技术 ··············· 82
  5.5.3 相似性连接融合技术 ··············· 84
  5.5.4 面向领域的预测分析技术 ··············· 85
  5.5.5 深度学习技术 ··············· 90
 5.6 数据可视化 ··············· 91
  5.6.1 文本可视化 ··············· 91
  5.6.2 网络可视化 ··············· 92
  5.6.3 时空数据可视化 ··············· 93
  5.6.4 多维数据可视化 ··············· 94
 5.7 大数据安全 ··············· 95

    5.7.1 大数据安全技术体系 95
    5.7.2 大数据平台安全技术 96
    5.7.3 数据安全技术 97
    5.7.4 隐私保护技术 98

第 6 章 市场监管大数据——明察秋毫 100
 6.1 市场监管现状分析 100
    6.1.1 市场监管的内涵及其现代化 100
    6.1.2 大数据对市场监管的作用 104
    6.1.3 市场监管大数据总体需求分析 105
 6.2 市场监管大数据的发展 106
    6.2.1 国外市场监管大数据的发展 107
    6.2.2 国内市场监管大数据的发展 108
 6.3 市场监管大数据体系 112
    6.3.1 系统体系 113
    6.3.2 共性支撑体系 116
    6.3.3 应用服务体系 121
    6.3.4 安全体系 123
    6.3.5 管理保障体系 127

第 7 章 综合交通大数据——四通八达 131
 7.1 交通行业需求与发展现状 131
    7.1.1 交通行业需求 131
    7.1.2 交通大数据应用发展现状 132
 7.2 交通大数据技术 133
    7.2.1 大数据生命周期 133
    7.2.2 数据采集技术 134
    7.2.3 数据存储技术 134
    7.2.4 数据挖掘与分析技术 135
 7.3 交通大数据综合应用 138
    7.3.1 大数据平台 138

目 录

- 7.3.2 大数据交通管理 ··· 139
- 7.3.3 大数据便民服务 ··· 143
- 7.4 交通大数据面临的问题与挑战 ··· 144
  - 7.4.1 交通中的自动驾驶 ··· 144
  - 7.4.2 数据可视化 ··· 145
  - 7.4.3 数据安全 ··· 146

第8章 农业农村大数据——强本节用 ··· 148
- 8.1 农业农村现代化的新机遇 ··· 148
  - 8.1.1 大数据为农业农村发展指明了新方向 ··· 148
  - 8.1.2 互联网为农业信息铺设了"高速路" ··· 149
  - 8.1.3 物联网为农业感知延伸了"触角" ··· 150
  - 8.1.4 线上平台为农业销售拓展了"渠道" ··· 151
- 8.2 农业农村大数据的发展 ··· 151
  - 8.2.1 国外农业农村大数据的发展 ··· 151
  - 8.2.2 国内农业农村大数据的发展 ··· 153
- 8.3 农业农村大数据应用 ··· 158

第9章 其他行业大数据——百花齐放 ··· 161
- 9.1 政务大数据 ··· 161
  - 9.1.1 数字时代的管理模式 ··· 161
  - 9.1.2 国内外现状 ··· 162
  - 9.1.3 问题与思考 ··· 163
- 9.2 公共安全大数据 ··· 165
  - 9.2.1 警务大数据 ··· 165
  - 9.2.2 消防大数据 ··· 166
  - 9.2.3 反恐大数据 ··· 167
- 9.3 健康医疗大数据 ··· 169
  - 9.3.1 健康医疗大数据概述 ··· 169
  - 9.3.2 健康医疗大数据的特点 ··· 170
  - 9.3.3 健康医疗大数据的应用 ··· 171

9.4 粮食物资大数据 ··· 175
   9.4.1 大数据对粮食物资行业的影响 ·· 175
   9.4.2 粮食物资大数据的国内外现状 ·· 176
   9.4.3 粮食物资大数据的发展趋势 ··· 178
9.5 智慧营区大数据 ··· 181
   9.5.1 智慧营区大数据体系架构 ··· 181
   9.5.2 智慧营区大数据的特点 ·· 184
   9.5.3 智慧营区大数据的应用 ·· 185
   9.5.4 智慧营区大数据的发展趋势 ··· 187

第10章 大数据的未来——缤彩纷呈 ·· 189
10.1 科技发展趋势 ··· 189
   10.1.1 大数据驱动新一代人工智能 ·· 189
   10.1.2 科技改变生活 ··· 190
10.2 大数据产业发展趋势 ·· 191
   10.2.1 市场需求 ·· 191
   10.2.2 发展趋势 ·· 192
10.3 经济发展趋势 ··· 195
   10.3.1 全球趋势 ·· 195
   10.3.2 我国趋势 ·· 197
10.4 未来已来，将至已至 ·· 199

参考文献 ·· 201

第1章
大数据时代——日新月异

随着信息科技的不断发展，信息的获取、存储、处理和传递越来越普及、越来越快捷，产生的数据也越来越庞大、越来越重要，一个崭新的时代正悄然来临。世界正从信息时代迈向大数据时代，数据挖掘与分析等大数据技术所展现的巨大价值，正激发大众对大数据孜孜不倦的探索。

1.1 大数据的崛起

1.1.1 数据大爆炸

大数据时代赋予了人们理解摩尔定律的新视角，摩尔定律引发的技术演进正催生海量数据的涌现。电子领域的摩尔定律指出，IC 上可容纳的晶体管数目大约每两年增加一倍。与此极为相似的是，大数据时代数据生成量每两年增加一倍。物联网、云计算、人工智能等新技术能够帮助人们以前所未有的速度和精度采集、分析、存储和处理数据。从人类出现到 2000 年，人类所产生的各类数据约有 5TB（T 为计量单位，1TB 约等于 1000 亿 B）。截至 2011 年，全球产生和复制的数据已达到 1.8ZB（ZB 为计量单位，1ZB 约等于 10 亿 TB），到 2020 年总量将达到 44ZB，其中我国数据量将达到 7.9ZB，约占全球数据总量的 18%。人类社会已经真正进入数据爆炸的时代，每时每刻都有数以千万计的数据产生。

人类一方面遨游在信息的世界里，享受着信息发展带来的福利；另一方面也不得不忍受信息大爆炸带来的困扰：过多的无关信息侵占着视觉和听觉渠道，消耗着精力，而查找自己需要的信息，又要花费大量的时间和精力。在这个"数据大爆炸"的时代背景下，通过大数据技术，对收集到的信息进行严密而富有逻辑的整理、分析、关联，发掘出具有价值和意义的信息，就显得特别的重要。例如，音乐平台可以根据听众的听歌习惯和风格推荐个性化的歌单，新闻媒体软件可以推送读者感兴趣的新闻广告，电商平台可以根据消费者的购物记录推荐相同款式和风格的衣服，等等。

1.1.2 洞悉大数据

1. 大数据内涵

(1) 对大数据定义的理解

对于大数据（Big data），迄今没有公认的定义，通常指大量数据的集合，其数据量大到目前主流的分析方法和软件工具在合理时间内无法进行有效的获取、管理、处理，但这些信息又迫切需要整理成能够帮助企业或政府部门提供决策的有效信息。按数据对象不同，大数据可分为实体数据集合和虚拟数据集合。政府部门及企业掌握的实体数据库为实体数据集合，而微博、百度、谷歌、微信等互联网上的信息为虚拟数据集合。

(2) 大数据的"三元世界"

从宏观世界角度来讲，大数据是衔接物理世界、信息空间和人类社会三元世界的纽带。物理世界通过互联网、物联网等信息技术有了在信息空间中的大数据投影，而人类社会则借助人机界面、脑机界面、移动互联网等手段在信息空间中产生自己的大数据映像。融合了三元世界的大数据具有规模大、关系复杂、状态演变等显著特征。

(3) 大数据的"六度空间"

名为 Six Degrees of Separation 的数学领域猜想可以翻译为"六度分隔理论"或"小世界理论"。该理论指出：你和任何陌生人之间所间隔的人不会超过5个。也就是说，最多通过5个中间人，你就能够认识某个陌生人。

大数据与六度分隔理论的完美结合，可以成为社交媒体、商业模式、网络社会的理论基础。在社交媒体中，六度分隔理论和微信、微博、QQ 等社交软件强化了人类的社交需求，只要信息媒介传播速度足够快、人群数量足够多，世界上的任何人就都可以迅速建立联系，产生交流。在商业模式中，运用六度分隔理论可以进一步增强精准营销的效果，通过大数据的抓取和分析，以及人工智能的筛选和匹配，最后对特定人群投放特定广告和推介。

另外值得一提的是影响力权值。虽然根据六度分隔理论，任何两个陌生人想要相互认识最多不超过 5 个中间人，但这 5 个中间人之间的联系有强有弱，即前一个人对后一个人的影响力有强有弱。换言之，就是每个中间人都有一个影响力权值，权值越大，向后一个中间人传递信息的效率和能力就越强。因此，关键不在于你认识多少人，而在于你认识哪些人。

2．大数据特点

大数据具有如下四个特点，如图 1-1 所示。

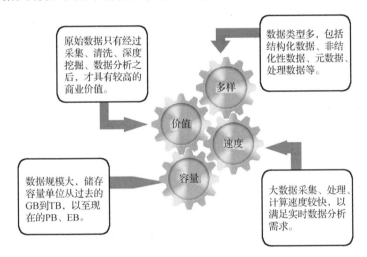

图 1-1　大数据特点示意图

一是数据规模大（Volume）。这个"大"源于广泛采集、多处存储和大量计算。普通的计算机储存容量以 GB、TB 为单位表示，而大数据则以 PB（1000TB）、EB（100 万 TB）为单位表示。

二是数据类型多（Variety）。大数据既包括地理位置信息、数据库、表格等结构化数据，也包括文本、图像、音视频等非结构化数据。不同的数据类型需要不同的处理程序和算法，所以大数据对数据的处理方法和技术也有更高的要求。

三是价值密度低(Value)。决策者要获得必需的信息,就得对大量的数据进行处理。现在通用的做法是通过使用强大的机器算法进行数据挖掘,进而获得与逻辑业务相吻合的结果,可以理解为在无边沙漠中用筛子淘取金沙,其价值密度可想而知。

四是处理速度快(Velocity)。大数据需要处理的数据有的是爆发式产生的,如大型强子对撞机工作时每秒产生 PB 级数据;有的虽然是流水式产生的,但由于用户数量众多,短时间内产生的数据量,如网站点击流、系统日志、GPS 数据等依然庞大。为了满足实时性要求,数据的处理速度必须快,过时的数据价值会贬值。例如,2011 年 3 月 11 日,日本大地震发生后,美国国家海洋和大气管理局在震后 9 分钟就推测可能发生海啸,但 9 分钟的计算延时对于瞬间被海啸吞没的生命来说还是太长了。

3. 大数据相关术语

① 数据湖:是集中式存储的数据库,允许以原样存储(无须预先对数据进行结构化处理)所有数据,并运用不同类型的处理方法,如数据挖掘、实时分析、机器学习和可视化等。

② 数据治理:指从使用零散数据变为使用统一主数据,从具有很少或没有组织和流程治理到组织范围内的综合数据治理,从数据混乱到主数据条理清晰的处理过程。数据治理是一种数据管理理念,是确保组织在其数据生命周期中存在高数据质量的能力。

③ 集群计算:集群是使用多个计算机(如典型的个人计算机或工作站)、多个存储设备冗余互联,组成对用户来说单一的、有高可用性的系统。集群计算用于实现负载均衡、并行计算等。

④ 黑暗数据:指被用户收集和处理但又不用于任何有意义用途的数据,可能永远被埋没和隐藏,因此称为"黑暗"数据,其可能是社交网络信息流、呼叫中心日志、会议笔记等。有学者估计企业 60%~90%的数据都可能是黑暗数据。

⑤ 大数据采集与预处理技术:数据的采集是进行数据分析和应用的前提。数据采集的方法手段比较多样,可通过互联网收集、数据库复制、数据

采购和移动终端上传等方式进行。采集的数据一般类型多样、格式不一，且部分数据不可直接使用，需要进行数据清洗等预处理操作。

⑥ 大数据存储与管理技术：相对于传统的数据，大数据数量庞大，且类型多样，通过分布式存储技术可解决存储问题，同时可对数据进行有效索引并快速查找。

⑦ 大数据分析与挖掘技术：通过对数据进行挖掘与分析，可以找到不同的数据对象潜在的相互关系和影响，也可以发现事物发展的性质和规律，为用户的决策提供科学依据。

⑧ 大数据可视化技术：认知和心理学专家研究发现，人类对图表的学习和认知速度远比文字要快。可通过面向文本、网络(图)、时空数据、多维数据的可视化技术，将数据分析结果形象地展现给最终用户，提供友好的、便于用户接受的界面。

⑨ 大数据安全技术：传统方式主要采用防火墙、用户访问控制、文件权限控制、数据校验和加密技术保障数据安全。在大数据环境下，安全形势愈加严峻，拟态计算、量子加密等新技术也在用于数据安全防护。

4．大数据应用

曾流传的美国超市中啤酒和尿布捆绑销售、超市男经理比女生父亲更早获知其怀孕等故事，听起来有些匪夷所思，其真实性也有待考证，但大数据揭示看似毫不相关的两件事背后的关联是不足为奇的，其应用的确对人类生活产生了巨大影响，尤其体现在商业和民生领域。

啤酒和尿布

沃尔玛是美国的一家大型超市，其高层管理人员在分析以往的销售数据时发现了一件趣事："啤酒"和"尿布"经常出现在同一购物车内进行结算。根据这个分析结果，超市的管理人员把啤酒和尿布放在距离相近的货架上，结果两件商品的销售量都得到了较大的提升。后来经过深入的调查发现，在有婴儿的家庭中，大多是母亲在家照顾婴儿，父亲外出购买家庭和婴儿的各类生活用品。由于父亲喜欢喝啤酒，就会顺手买一些带回家，所以这两件商品就会出现在同一个购物车中而进行结算。这是一个数据挖掘与分析的典型应用,数据分析师通过分析数据之间的关联性,发现了事物之间潜在的联系,进而为决策提供支持,取得了较好的决策效果,赢得了商业利益。

① 精准营销:企业基于各类渠道收集的用户信息进行商品分析和预测,挖掘和分析用户需求,进而提供个性化服务。例如,淘宝、京东等电商可以通过用户的浏览记录来预测用户对商品购买的潜在需求,进行适时精准的推送。

② 城市大脑:城市区域根据当前环境、交通、人员等数据,结合不同事件,做出最优化的决策。例如,基于交通大数据,救护车可以实时获取道路的拥堵信息,途经的交通信号灯会为之优化调整状态,从而选择出通行时间最短的路线。

1.1.3 小数据与大数据

广义上来讲,大数据通常是大规模结构化、半结构化与非结构化数据混杂的集合,而小数据通常是结构化数据集合,数据格式比较固定,聚焦的对象和用户也比较有限。

身处大数据时代,小数据除了表示局部、单一的传统样本数据集之外,更重要的定义是指以单个对象为中心的全面数据,及其采集、管理、分析和可视化的相关技术系统。例如,个人产生的数据,包括生活习惯、兴趣嗜好、社交活动、房产财务、出行轨迹等,经过采集、清洗、存储,利用相关挖掘与分析技术处理后,形成独具个人特色的数据集,可展示给个人或其授权者使用。小数据的特点在于面向单个对象,聚焦挖掘深度信息,对单个对象数据进行全方位、全时段的分析处理。

从技术与应用的视角来看,大数据与小数据主要有以下区别。

(1) 大数据重总体广度,小数据重个体深度。大数据注重对某个领域或行业大范围、成规模地进行数据的全面采集和分析,力求实现"全样本",聚焦于数据广度,如城市交通、市场监管、公安情报、工业、农业等领域的大数据分析。而小数据则注重对单个对象全方位地采集个体数据,进行深入精确的分析,并提出个性化推荐和建议,聚焦于数据深度。

(2) 大数据重关联预测,小数据重因果推理。大数据通常关注现象而不深究因果,更关心数据的相关性预测及其解决方案。大数据的分析方式是通过在一堆混杂无序的数据中找到其隐藏趋势的预测过程,是一种自下而上的知识发现过程。大数据分析获取的往往是那些不能靠直觉或现有因果规律得出的信息，有时甚至是违背人类常识的，但越是看似无关就越可能有应用价值。而小数据更关注因果机理和规律，更关心数据现象背后的内在原理。小数据分析解决问题的过程通常是一种自上而下的决策过程，需要专家的具体指导，强调在现有或假设理论的支持下，采集对象的相关数据，验证理论的适用性，以此提出或改进针对个体的解决方案。

（3）大数据重效率感知，小数据重精确剖析。大数据一般更关注区域总体上的感知，通过实时分析及网络可视化技术，尽可能实时呈现大规模数据的演变趋势，处理效率高、数据包容性好、感知范围广。例如，市场金融、城市交通、情报舆情、疾病传播等领域的大数据应用可极大地提高效率。相较于大数据的不精确性和混杂性，小数据处理的对象是个体，更关注数据的真实性、无偏性和代表性，因此通常对数据来源有预设的、细致的筛选，其数据分析更精确。"失之毫厘，谬以千里"的悲剧对个体的影响是不可估计的。

同时，小数据与大数据也具有以下共性。

（1）随着统计分析和机器学习技术的发展，非线性建模、复杂网络分析、实时数据可视化分析等技术手段已成为两者认识感知对象的共同途径，且两者都关注对个体的数据挖掘，在个性化定制、定向精准营销、话题传播分析等应用领域互有交叉。

（2）两者处理的数据大部分带有时间属性，具有很好的预测价值。例如，许多企业和机构采集社交网络的海量数据和包含个人属性特征的标签，研究预测话题演化、网络舆情、产品需求趋势，以进一步研究预测对象的态度和行为。

（3）两者的获取都需要考虑减少人力成本，要提供自动化数据输入方式，提高使用舒适度。此外，还需要制定通用数据标准，以保证不同系统设备的数据能够整合。

（4）大数据需要保护隐私，仅供政府部门、行业监督机构或企业等级别用户使用，以防止危及国家安全，避免商业泄密；小数据需要保护个人隐私，仅供个人级别用户了解自身，以防止危及个人生命财产安全。

数据需求的定制化、个性化是当前的趋势，因此小数据不是大数据的简单小型化，而是大数据的补充和延伸，大数据与小数据的紧密结合是大数据发展的方向之一。

1.2 大数据的成长

IT(Information Technology)时代(又称信息时代)与 DT(Data Technology)时代(又称数据时代)是承前启后的两个时代。信息时代是数据时代的基石和前奏，数据时代是信息时代的传承和发展，并以一种全新的方式正在颠覆人们工作、生活和娱乐的模式。

1.2.1 互联网技术推动了大数据的泛在化

通常来讲，互联网发展经历了研究网络、运营网络和商业运营网三个阶段。互联网的重要性不仅在于其规模庞大，而且在于其能够提供全新的全球信息服务基础设施。此外，互联网彻底改变了人类的思维模式和工作、生活方式，促进了社会各行业的发展，成为时代的重要标志之一。互联网产生的数据量不断增加，尤其是电子政务、社交媒体、网上购物等应用实时提供和处理越来越多的网络数据，在数据处理、传输与应用方面提出了新的问题。这种趋势加上其他网络数据源的普及，大数据的泛在化就成为必然的结果。

1.2.2 存储技术支撑了大数据的大容量化

自从世界上第一台计算机出现以来，计算机存储设备也在不断更新，从水银延迟线、磁带、磁鼓、磁芯，到当今的半导体存储器、磁盘、光盘和纳米存储器，存储容量不断扩大，而存储器的价格也在不断下降。自 2005 年亚马逊公司推出云服务平台后，一种新型的网络存储方式——云存储逐渐应用推广，用户可以获取更大的存储容量。云存储通过允许用户访问云中的存储资源来扩大用户的存储容量，而用户可以随时随地通过任何连接到网络的设备轻松连接到云端读取数据。

1.2.3 计算能力加速了大数据的实时化

信息产业的发展也正如摩尔所预言的那样，定期推出具有不断优化的操作系统和性能更强大的计算机。硬件厂商每开发一款运算能力更强的芯片，软件服务商就会开发更加便捷的操作系统，极大地提升了信息处理速度。尤其是超级计算机和云计算的产生，使得对数据的计算能力极大加强，为大数据的实时化处理提供了可能。

预判发货

2014 年年初，亚马逊公司宣布了一项新专利：预判发货技术，即消费者在浏览商品尚未下单付款时，公司就将消费者心仪的商品打包交付运输，从而可以将消费者等待的时间从数天缩短到数小时。

该技术原理是根据消费者以往的搜索记录和消费记录等大数据，推算出消费者的消费偏好、经济水平、消费习惯等，甚至可从浏览某件商品的时间推断消费者对某类商品和品牌的青睐程度，进而分析消费者购买某种商品的可能性，当可能性大于某个标准时，亚马逊公司就会自动发货。

为了提高预判发货的准确性，降低物流成本，亚马逊公司采取了一些措施。例如，刚上市的畅销商品能吸引大量的消费者购买，往往会采用预判发货；对于经常在亚马逊网站购物且购买力较强的消费者，更加倾向于预判发货。此外，还会根据消费者浏览商品的时间、购买商品的数量等推算其犹豫时间，对于犹豫时间较短的消费者，也会预判发货。

1.3 挑战与机遇

尽管大数据给人类的生产生活带来了翻天覆地的变化，但是受数据质量、分析技术和接受程度的局限，大数据在新时代面临着以下挑战与机遇。

1.3.1 数据的挑战与机遇

在实际应用中，大数据的获取较难，同时质量也难以保证。通常在收集数据时，仅针对某几个具体指标进行，如果长期依赖于部分维度的数据进行分析，预测结果就会因为数据的不全面而产生偏差；在庞大的物联网中，设备有一定的损坏率，这些设备会收集一些错误或偏差很大的数据，同时采集数据的终端传感器若存在误差，也将导致数据的准确性降低。此外，数据在网络中传输有一定的误码率，尽管这些错误率非常低，但如果长期不进行数据的校验，或者少部分关键性信息发生错误，就会对数据分析结果产生较大影响。

但也要看到，针对某些特定领域的总体决策问题，大数据使得"全样本"数据的获取成为可能，传统"小数据"分析需要的数据假设前提将不复存在。同时，呈指数级增长的非结构化数据和实时流数据的盛行，使得大数据的数据处理对象发生了极大变化。通过处理速度极快的数据采集、挖掘与分析，从异构、多源的大数据中获取高价值信息，提供实时精准的预警预测，形成支持决策的"洞察力"，将是大数据给予的最好机遇，也是大数据系统的发展方向。

1.3.2 技术的挑战与机遇

目前，数据挖掘与分析的算法可采用机器学习的方法。机器学习依赖于收集的大数据不断地进行迭代学习并更新学习模型的参数，其局限性是难以创造新的知识，只能挖掘数据固有的规律和联系。学习效果的好坏还取决于学习模型的选择，良好的学习模型能收获较好的学习结果；若模型选择不当，则即使计算迭代的次数再多，也难以得到理想的结果。同时，在利用大数据驱动决策时，需要将决策问题模型化，做出一些合理性假设，忽略影响不大的因素，抓住关键问题和主要矛盾。在这个过程中，某些合理性假设未必合理，这将导致决策结果出现偏差。

同时，大数据的出现使得传统数据存储管理和挖掘分析技术难以适应时代发展要求。这需要大数据研究者和使用者应用新的管理分析模式，从非结构化数据和流数据中挖掘价值、探求知识。大数据需要存储，加速了HDFS、BigTable等技术；大量的并发数据事务处理，催生了NoSQL数据库；众多的数据需求分析处理，发展了MapReduce、Hadoop等大数据处理技术。此外，大数据与人工智能、地理信息、图像处理等多个研究领域交叉融合，展现了基于数据驱动的大数据技术的美好前景。

1.3.3 用户的挑战与机遇

大数据驱动模式不同于以往依赖于相关领域专家和领导者的经验驱动

模式，其分析与决策过程大大降低了专家和领导者的地位和作用，进而影响到领导层部分人员的切身利益。由于这个原因，其对大数据的接受过程会相对缓慢。同时，大数据应用需要建立大数据仓库和大数据系统，前期会投入较高的经济成本，其运营程度的好坏也会影响其在分析决策过程中的作用。若部分领导者不愿进行大规模的投入，就会影响大数据驱动决策的推广和实施。

  运用大数据产生的效益与机遇也是不可小觑的。目前，各行业企业只是刚刚进入大数据应用阶段，运用大数据辅助决策对于绝大部分行业来说，都是新时期竞争优势的创造源泉。有调查显示，数据驱动型企业在生产率和盈利水平等方面普遍优于同行业竞争者。数据驱动的系统在处理特定问题时，可以比人类做出更优的决策，如金融领域的某些系统基于大数据可以做出相当高比例的投资决策。从目前至可预见的将来，能更好地运用大数据的组织或企业将可能迸发出更多的创新性，并更好地维持决策的灵活性；整个社会对于数据驱动应用和决策的依赖性会越来越高。

第 2 章 大数据战略——高瞻远瞩

随着"得数据者得天下"的观念逐渐深入人心，世界各国之间的竞争已不再局限于资本、土地、人口等传统资源领域，数据资源已经成为一种新型的战略性资源。当前，不少国家已经将大数据上升为国家意志，在战略层面进行整体筹划布局、全面研究推进和精心组织实施，以利用大数据来提升国家战略能力和整体治理能力。

2.1 国外战略

开发利用大数据的能力已经成为衡量一个国家综合实力的重要组成部分（如图 2-1 所示）。一个国家一旦掌握了数据的主动权与主导权，就能赢得未来，否则会处处受制于人。"棱镜门"事件清楚地警示我们，数字主权早已成为国家之间博弈的空间，在这个没有硝烟的战场上，失败的代价是任何国家都难以承受的。因此，一些主要国家和地区将大数据视为重要的战略性资源，纷纷制定了各自的大数据战略。

图 2-1 大数据影响世界局势

2.1.1 美国

美国作为信息技术创新的引领者，在大数据领域一直走在全球前列，已经将大数据技术视为提高国家竞争力的关键因素，多年前就把大数据研究和应用提升到了国家战略层面。

美国的大数据建设与应用始于政府数据开放。2009年，为方便民众使用各类政府数据，增加政府数据的透明度，美国设立了Data.gov网站，开放了政府和企业收集的海量数据，涵盖大约50个细分门类。为了规范和指导大数据的研究与应用，美国发布了《大数据研究和发展计划》，该计划涉及面广、着眼点高。在制定计划的同时，美国政府还成立了专门负责大数据建设的"大数据高级指导小组"。依托这些措施，政府掌握了更为全面的信息资源。为了挖掘和分析这些信息背后的价值，美国多个部门和机构投资2亿美元，专门用于研发数据处理挖掘技术，以提高解读信息的能力，为政府管理提供更多的支持和帮助。

2014年5月，针对前期大数据发展中取得的经验和遇到的问题，美国发布了白皮书《大数据：把握机遇，守护价值》。该白皮书阐述了美国当时的大数据应用状况及政策框架，并提出了改进建议，在积极肯定大数据发展取得丰硕成果的同时，客观地指出应警惕大数据对隐私、公平等长远问题带来的负面影响，这也从一个侧面反映出美国政府对大数据发展中潜在的风险并未做好准备，"希拉里邮件门"事件就是一个例子。

2016年5月23日，为加速"大数据研发行动"进程，美国政府发布了《联邦大数据研发战略计划》，在影响和决定国家社会发展的关键核心领域部署推进相关大数据建设。

在国家安全领域，美国国防部每年投入2.5亿美元研究利用海量数据的新方法，并与感知研判和决策支持技术结合，研制自主决策系统，为军事行动提供新型判断依据。美国国土安全部开展了"可视化和数据分析卓越中心"（CVADA）项目，通过对大规模异构数据的分析研判，为防灾减灾、反恐维稳、网络防护等国家安全问题提供新的解决方法。美国国家安全局投资近20亿美元在犹他州建立了号称世界最大的数据中心，该数据中心可以对多个监控项目的数据进行采集和分析。

纵观美国大数据战略部署，其依托强大的科技实力，以各领域的海量数据为"原料"，以数据挖掘与分析技术为"手段"，构建成纵横交错的数据驱动战略体系，提高了社会效率和国家竞争力。

2.1.2 欧盟

欧盟发展大数据有其独特优势，如高水平科研机构林立、顶尖人才众多、硬件基础设施相对完善等，但也面临数据层级复杂、各国数据难以共享等难题。因此，欧盟提出了数据价值链战略计划，该计划结合各成员国实际，采取共用共建的发展思路，力求各国都能积极参与并从中获益，进而实现数据的最大价值。事实证明，大数据发展促使整个欧盟生态体系更为流畅地运转。该战略计划包括四方面内容，分别是开放数据、云计算、高性能计算和科学知识开放获取。

(1) 开放数据战略

开放数据是发展大数据的基础，由于欧盟有着众多成员国，给开放数据的实现增加了难度，所以欧盟在制定大数据战略时，将开放数据战略摆在了首位。从某种意义上讲，大数据开放共享的程度将直接决定欧盟大数据的发展水平。

(2) 云计算战略

收集到海量数据仅是前提，如何挖掘数据背后的价值才是各行各业关注的重点，传统方法和手段已无法满足处理爆炸式增长的数据需求，而云计算等新技术的出现，为分析处理大数据提供了新的方法和思路。2012年9月，欧盟公布了"释放欧洲云计算服务潜力"战略，希望用两年时间全面提高欧盟云计算服务能力，为欧盟大数据发展奠定了坚实的技术基础。

(3) 高性能计算战略

依据数据收集、分析和储存等需要，欧盟专门论证了各成员国对千万亿次高性能计算机的需求，论证了建立千万亿次高性能计算设施的必要性，制定了高性能计算基础设施的发展战略，计划建立三四个千万亿次高性能计算设施。

2018年1月，欧盟委员会制定了建造欧洲高性能计算基础设施的计划，此计划将与部分综合实力较强的欧盟成员国合作,共同投资 10 亿欧元用于技术研发和硬件部署,力争在前期建设的基础上,继续推动高性能计算基础设施的发展。欧盟希望通过实施该计划,为各成员国提供便捷可靠的高性能计算机接口,推动欧盟大数据战略高速发展。

(4) 科学知识开放获取战略

科学知识开放获取对欧盟的整体发展具有重要意义,各成员国都希望通过先进的科学技术带动国家的良性发展,也都投入了大量人力、物力开展科学研究工作,如果科学知识能在欧盟内实现共享,则势必推动各成员国快速发展。因此,欧盟致力于建设长期保存科学知识的基础设施,并鼓励各成员国积极开放各自的科学知识,共同探索研究,不断实现新的科学突破。

英国较早认识到大数据技术在医疗、农业、商业、学术研究领域发挥的重要作用,并在资金和政策上对大数据技术给予了大力支持。在多个政府数据分析项目中,传统手段不断被大数据技术替代,依托牛津大学、伦敦大学等高等学府,建立了大数据研究中心并开设以大数据为核心的专业课程。

英国还将大数据技术积极运用到政府管理和公共领域方面。世界上首个开放式数据研究所就位于英国。通过挖掘公开数据的商业潜力,英国公共部门、学术机构找到了创新发展的突破口。政府通过 data.gov.uk 网站公开政务信息,该网站被称为"英国数据银行"。

2013 年 5 月,英国首个综合运用大数据技术的医药卫生科研机构诞生。该项目由英国政府和"李嘉诚基金会"联合投资。依托该机构,流行病学、临床、化学和计算机科学等领域的顶尖人才可以共同分析庞大的医疗数据,为解决问题、突破瓶颈提供了新的可能。

2.2 国内战略

2.2.1 历史机遇

经过长期艰苦卓绝的努力,尤其是改革开放以来国家的大力扶持与推进,我国在信息化建设领域取得了举世瞩目的成就,建设了强大的信息产业基础,创造了良好的大数据发展先决条件。当然,我国的大数据建设目前尚处于起步阶段，既面临前所未有的历史机遇，也面临难以预测的风险和挑战。因此，只有迎难而上，把握时机，直面挑战，强化多要素、多部门、各领域密切协作，才能推动我国大数据建设良性快速发展，从而实现大数据领域的"弯道超车"。

首先，海量的数据资源构成了我国大数据建设全面发展的优越条件。我国人口规模大，伴随着信息社会的到来，每天不可避免地产生大量的信息数据。根据中国互联网络信息中心（CNNIC）发布的第43次《中国互联网络发展状况统计报告》，截至2018年12月，我国网民规模达到8.29亿人，流转数据规模之大可想而知。在交通领域，随着物联网技术的广泛运用，传统交通方式（公交车、私家车）、新兴出行方式（共享自行车、共享汽车），以及配套监控系统（摄像头、测速器）产生了大量实时数据。据不完全统计，我国数据总量正以年均50%的速度增长，预计到2020年将占全球的21%。

其次，持续更新的数据技术为我国大数据建设插上了快速发展的翅膀。要想让海量数据正常流转，依靠原有的网络传输速度是难以实现的。我国不断发展的ICT（信息和通信技术）产业为高效的数据流转提供了技术支撑，从3G到4G，再到5G网络，人们能切身感受到技术更新换代带来的翻天覆地的改变。

最后，行业齐全的工业基础使我国大数据建设落地生根、均衡发展成为可能。与一些国家不同，我国既有海量的数据，又有雄厚的技术研发力量，同时还有种类齐全的产业基础。特别是随着大数据技术与各个行业更深入的结合，各种前所未有的应用不断涌现。金融、交通、教育和医疗等多个行业已经看到了大数据的广阔前景。大型互联网企业BAT（百度、阿里巴巴、腾讯）也已部署各自的大数据战略，探索出新的商业模式盈利增长点。人们的生活方式、消费习惯也在大数据发展和运用的过程中悄然改变。在各行业翘楚的带动下，我国逐渐形成了大数据发展运用的良好氛围。

客观来讲，我国大数据发展具有一定优势，如具有鲜明的政策导向、完备的基础设施、扎实的产业实力、广泛的应用市场等，但是要保持清醒，不能盲目乐观。与发达国家相比，我国的信息化总体水平还有待提高，离数据强国还有一定差距，处于起步阶段的大数据产业还存在很多难点和问题，如何实现从"大"到"强"的转变，是摆在当前的历史课题。

2.2.2 发展规划

"十三五"规划纲要提出要实施国家大数据战略，强调在思想上要认识到大数据作为基础性战略资源的重要地位，在实践上要不遗余力地促进大数据发展行动。之所以将大数据提升到国家战略高度，就是试图通过全方位、多领域协作来推动数据资源共享和应用，为各行各业的创新发展注入新动力。

政务、军事、农业、医疗、教育、交通等重点领域的大数据是客观存在的，但仍散落在各信息终端。若要完成海量数据的深度挖掘和高效分析，就离不开高性能软/硬件的支持。随着硬件设备性能的不断提升和成本的不断下降，海量数据的高效采集已基本实现，而人工智能技术的不断突破，又大大提高了数据清洗、筛选、整合的效率，为挖掘与分析原始海量数据背后的信息创造了条件。

在收集整合数据的过程中，我国重点关注各类数据的关联分析与融合利用，构建高复合性的数据共享平台，加快推进跨部门数据资源共享，避免重复采集、资源浪费。同时，共享平台能大大降低数据资源的冗余度，更能体现大数据的内涵。因此，要站在全局的高度统筹布局建设国家级大数据平台、数据中心等基础设施，真正实现在初始阶段将"骨骼"架起，为日后的"增肌"奠定基础。

大数据在各行业的创新应用，让人们切实感受到了工作生活质量的提升。传统产业与大数据应用协同发展的新模式还有很大提升空间。在建设完善大数据产业链的过程中，也遭遇了自主可控技术的瓶颈。为了解决这些问题，除了政策上的引导外，国家还在大数据产业上投入大量资金，推动数据的采集、分析、应用等环节不断实现技术突破，使大数据产业良性发展，形成整个社会资源的汇聚融合。

如图 2-2 所示，在"十三五"国家信息化规划提出的十二项优先行动中，提到了数据资源共享开发行动，各项优先行动都或多或少依赖大数据技术的运用。例如，"互联网+"政务服务行动离不开对海量异构数据的采集、汇总、分析；再如，新型智慧城市建设行动需要物联网、人工智能、大数据等多种技术协同支持。为了满足各项行动对大数据的需求，应重点关注以下几个方面。

(1) 加快大数据关键技术研发

目前大数据发展的难点在于数据分析处理和知识发现，而大数据采集、传输、存储技术有很大提升空间，大数据涉及的隐私和安全等问题也不能忽视，这些都是大数据发展的关键技术要素。此外，要想在大规模异构数据融合、集群资源调度等领域实现技术突破，就离不开物联网、深度学习、区块链等技术的支撑，人工智能的发展为大数据的挖掘与分析提供了新的手段。

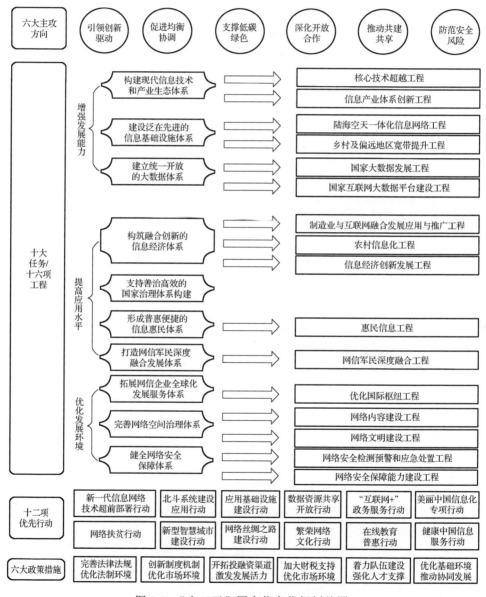

图2-2 "十三五"国家信息化规划总图

(2) 深化工业大数据创新应用

历史和实践证明，工业是创新驱动的重要载体。在大数据时代，数据驱动的新模式将大大激发工业创新的潜力。大数据与自动控制、工业核心软件、产能分析评估系统和智能服务平台紧密融合，在促进工业大数据创新发展的同时，必将带动工业生产水平跨上新台阶。

(3) 促进行业大数据应用发展

目前，大数据相关行业都与国家整体实力紧密相连，与民生息息相关。例如，能源、金融、商贸、农业、食品、文化等产业，无一不渗透到百姓生活的方方面面，是海量原始数据的源头，更关系到人民的切身利益。因此，在政府管理和民生服务中提升大数据的运用能力意义重大，推进大数据在重点行业领域的深入应用势在必行。在推动大数据与各行业融合发展的同时，跨行业大数据融合创新前景广阔，随之带来的服务模式和商业模式创新，如各种共享交通方式、便捷高效的外卖服务等也将影响到每个人的生活。

(4) 加快大数据产业主体培育

目前，资源丰富、技术先进的大数据龙头企业都积极投入到大数据平台的建设中，通过整合利用国内外技术、人才等资源，使得我国自主品牌的产品和服务在国际市场的占有率和品牌影响力越来越大。在大数据龙头企业的带动下，很多创新型中小企业也投身到大数据技术产品的研发中，逐渐形成了多层次、梯队化的大数据产业布局。

(5) 推进大数据标准体系建设

原始数据、计算能力、开发环境等基础资源的共享是发展大数据的必然要求。但目前异构的、繁杂的基础资源阻碍了大数据发展的步伐。只有从顶层设计出发，全面推动大数据标准化建设，逐步建立完善大数据标准体系，才能从根本上解决大数据发展的瓶颈问题。因此，结合大数据发展的实际情况，制定并推广大数据标准体系，特别是基础通用国家标准和重点行业标准，是大数据高效发展的前提条件。

2.2.3 战略蓝图

大数据虽已上升为国家战略，但要成为数据强国不能一蹴而就，观念和思维方式的转变更不是一朝一夕的事情。因此，要打牢大数据发展的根基，真正让"云端"的理念落地到实践的沃土上。

1. 大数据与"一带一路"

2013年秋，国家主席习近平提出"一带一路"的合作建议，其中"一带"指"丝绸之路经济带"，"一路"指"21世纪海上丝绸之路"。这其中涉及多个国家和地区，为大数据产业的合作发展与运用提供了新的平台与契机。

首先是通信基础设施建设，中国—缅甸国际陆缆、亚—非—欧国际海缆、SMW5海缆和APG海缆等一系列项目正如火如荼地开展。这些项目不仅将我国相关的技术优势展示给全世界，更让"一带一路"沿线海量数据的汇集传递成为可能。同时，"一带一路"建设过程中会产生海量的异构数据，非结构化数据与结构化数据掺杂的情况也会更加突出。传统的处理手段已经无法应对，大数据技术的优势不断显现。通过对多领域异构数据的收集、整合，利用大数据分析技术挖掘潜在的价值，能为"一带一路"建设提供新的助力，可谓相辅相成。

2. 大数据与"军民融合"

军民融合涉及的领域众多，最主要的有武器装备科研生产、军队人才培养、后勤保障等方面。2015年，国家主席、中央军委主席习近平提出军民融合发展战略。信息技术作为军民融合的突破口格外受到人们的关注，而当今信息技术的热点之一正是大数据理论研究与技术应用。军民融合大数据主要有以下来源。

（1）地理空间数据

军队通常关注海洋、交通、战场环境等数据，而民用数据集中在航海导航，海洋基础测绘，铁路、水路、公路、航空运输及水文气象等方面。这些基础数据高度交织，对提高信息时代作战能力具有重要意义。因此，共享数据、协同运用不但是时代发展的需求，更是提高信息准确性、适用性的保证。

（2）科技数据

大多数军民通用的产品很难通过单一的途径获取翔实的技术参数，而大数据技术的运用则为多源数据的汇总分析提供了新的可能。以往在建或完成项目的追踪数据非常匮乏,在大数据技术的支持下,采集处理相关数据的难度大大降低,能为日后的类似建设提供重要参考。

(3)可供决策参考的各类大数据

在全国数据开放共享的大格局下,军队引入工商、农业、经济运行等各领域大数据,可为指挥员提供多维的视角,进而打破思维定式,提升眼界格局。

军民融合要想稳步快速发展,就必须解决军地联动、需求对接和资源共享等方面的困难,加快政府数据开放共享,并在此基础上建立军民融合大数据平台,为精准高效的需求定位、多源数据整合利用提供可能。构建军民融合大数据资源,对打造军工体系的开放竞争格局意义重大。在适度的监管下,越是开放公平的环境,越能促进科技成果的转化和产业化。

军民融合大数据应用最常见的例子就是网络安全。目前,国内网络安全形势严峻,面临众多挑战。而大数据应用等关键技术领域的突破,将为网络安全保障提供有力支撑。建设军民一体化的网络安全保障体系既避免了重复建设的投入浪费,又符合现代部队发展实际,符合国家利益需求。

军民融合在提高军队发展建设水平的同时,也必将促进国家基础设施建设,而大数据技术的应用则是军民融合发展的倍增器,可为军地协同发展源源不断地注入新动力。

2.3 大事记

2.3.1 学术界大事记

2014年11月,中国科学院健康大数据研究中心在深圳成立。医疗领域的创新发展同样需要大数据技术的支持,健康数据的存储、分析、运用将为医生提供新的诊断依据和治疗参考,同时也为预测民众区域整体健康状况提供了新的途径。

2015年6月,阿里云联合浙江大学、复旦大学等8所名校开设了"云计算与数据科学"专业,培养目标是使学生具备全球技术视野,掌握前沿大数据知识,成为业内顶尖的技术人才。

2015年12月10日，中国大数据技术大会（BDTC 2015）在北京开幕。随着大数据技术的不断发展，数据安全问题也越来越受到关注，成为此次大会重点讨论的专题之一。同时，机器学习和人工智能技术的飞速发展为大数据应用提供了有力支撑，也成为大会关注的焦点。

2016年2月，北京大学、对外经济贸易大学及中南大学本科专业中首次增加了"数据科学与大数据技术"专业。2017年，开设该专业的高校增加至32所，各行业、各领域对大数据专业人才的需求量可窥一斑。

2016年5月16日，"数字一带一路"大型国际科学计划启动，希望通过建设国家间共享共用的大数据平台，促进"一带一路"沿线国家和地区在贸易发展规划、交通运输物流、自然灾害预防、生态环境监测等领域深入开展科学合作，为"一带一路"的建设提供支持。

2016年6月，清华大学成立了医疗健康大数据研究中心，通过采集全国临床病例、医学影像、公共卫生等医疗健康大数据，然后汇总分析，挖掘潜在的信息价值，为医护人员提供了一个开放的学术交流平台。

2016年10月14日，浙江大学成立了大数据战略重点实验室，在研究数据挖掘与分析技术的同时，也关注数字金融的风险管理问题。随着大数据在金融领域运用的不断深入，其背后的风险也日益凸显，如何确保金融数据的安全成为实验室工作的重点之一。

2016年12月8日，中国大数据技术大会在北京召开。与大数据相关的政策法规正在逐步建立健全，大数据涉及的核心技术成为此次大会讨论的焦点。如何推动大数据技术落地，切实带动产业应用发展是我们当前面临的主要挑战。

2017年3月，中国大数据分析系统国家工程实验室成立。该实验室从目前大数据发展普遍存在的分析能力低、提取能力差等问题着手，力争突破大数据分析的核心技术瓶颈，研制兼容性好、筛选能力强、运行效率高的大数据分析软件，为大数据产业各层级提供易接入、个性化的平台接口，解决数据挖掘与分析的难题。

2017年5月28日，中国发布《大数据蓝皮书：中国大数据发展报告No.1》，总结了近年来国内大数据的发展情况，国内大数据资源正在呈爆发式增长，但挖掘与分析的技术瓶颈还有待突破，部分数据开放共享的程度还不够高，同时数据安全问题也越来越突出，相关专业人才短缺的问题也日益凸显。

2017年6月15日，中国首个工业大数据应用技术国家工程实验室在成都开建。该实验室将积极采集汇总各地区工业大数据运用成果，论证其合理性，提出改进意见，同时总结工业大数据发展建设中好的经验，在全国进行推广。

2017年12月13日，可再生能源大数据应用论坛在北京举行。大数据的"跨界"能力显现无余，国内外知名的风电企业和信息技术公司都积极参与了此次论坛。与会嘉宾深入探讨了可再生能源行业的现状，展望了大数据技术将为新能源行业发展带来的新机遇。

2018年3月21日，教育部公布了第三批"数据科学与大数据技术专业"获批高校名单，新增250所。

2.3.2 产业界大事记

2014年2月，"百度迁徙"大数据服务平台正式上线，虽然数据分析的原理简单易懂，但其能真正完成采集、汇总并分析处理海量的、实时的地理位置信息的任务，全面展现了一个企业的大数据综合运用能力和发展水平。百度公司并没有简单地罗列挖掘与分析后的数据，而是创新性地用可视化方式将信息展现出来，让人眼前一亮。

2015年7月，腾讯公司和北京邮电大学、同济大学等5所高校合作，推出"互联网+教育"的智慧校园建设计划，借助数据挖掘与分析技术，为数字化校园建设规划提供合理参考意见。

2015年11月22日，工业大数据应用联盟在天津成立。该联盟将通过企业间深入协作，共享数据，加快解决工业大数据应用过程中遇到的重难点问题，为提升工业生产力、合理布局发展打下坚实基础。

2016年1月8日，中国大数据金融产业联盟在贵阳成立。单靠一家之力很难解决大数据发展建设中遇到的问题，共享共建已成为业界的共识。为此，国内首个金融领域的大数据联盟也迅速成立，目前亟待解决的问题包括各企业之间数据资源的共享、核心信息的深入解析，还有产业各层级间的协同与对接。

2016年1月20日，阿里巴巴公司的一站式大数据平台"数加"正式发布。该平台为各企业和用户提供了便捷多样的大数据服务接入方式，降低了大数据资源共创、共享、共用的难度。

2016年4月29日，国家发展改革委员会正式批准了信用信息大数据平台建设。该平台的建设将有助于政府对疑似违法违规、疑似失信的市场主体进行全面监管，达到一定级别后将其列入失信"黑名单"，在客观公正的前提下向社会公布失信人员和企业的信息，并在相关部门登记备案。

2016年5月25日，贵阳国际大数据产业博览会开幕。此次博览会的主题是"大数据开启智能时代"。如何持续推动大数据分析与应用技术在各领域的创新实践，完善大数据配套产品，最终提高生活品质是此次博览会讨论的焦点。

2017年3月9日，谷歌公司宣布收购Kaggle平台。创立于2010年的Kaggle社区目前拥有50万数据科学家，企业和科研机构可以将数据发布到该平台上，以竞赛的形式邀请全球的数据分析人才和专家对数据进行分析和建模。

2017年5月25日，国家大数据创新联盟正式成立。早在该联盟成立之前，部分科研机构就已经开展了共享共建的尝试并取得了可喜的成果。14个大数据国家工程实验室联手组建创新联盟，势必加快大数据领域的发展步伐。

2018年3月22日，在"因聚而生 以行致盛——华为中国生态伙伴大会2018"上，华为公司面向政府行业发布政务云大数据解决方案，以"一云一湖一平台"架构构建政务"黑土地"，帮助各地政府加快政务信息系统整合共享，促进政务大数据应用百花齐放，助力政府数字化转型，提升政府理政与服务能力。

第3章
大数据思维——革故鼎新

大数据颠覆了人们认识世界的传统思维模式，是认识论的一次深刻变革。通过大数据可获得万物间相互联系的特殊规律，这些规律有一定预见能力。经过实践的检验，这些规律或许被认可为客观规律，或许需要二次解读和理性分析。大数据分析是用宏观整体思维替代抽样统计思维，是用有偏差的数据分析替代精确的数值计算，是用定量的计算思维替代定性的理性思维。事实上，在大数据时代，人们思维方式的转变远远超出以上三个方面，本章将从哲学思维、运营思维、理政思维和创新思维几个方面对大数据进行探究。

3.1 哲学思维

大数据是相对小数据而言的，人们接触到的信息或数据发生了变化，其思维方式也会随之发生变化。大数据时代，人们看待数据的思维方式，最关键的转变在于从自然思维转向哲学思维，由以往使用单一数据向使用全体数据转变，由重视数据精确性向挖掘数据内在价值、侧重数据混杂性转变，由注重数据因果性向利用数据相关性转变，如图3-1所示。

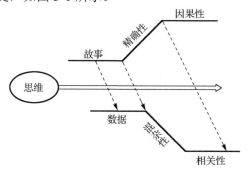

图3-1 大数据时代的思维方式变革

3.1.1 总体思维

在现实世界中,个体是总体的一个实例,人们观察到的个体是个别显现出来的事物的内在本质,但不包含事物的全部本质,要想全面认识事物,就必须采用总体思维。

在小数据时代,由于受技术水平的制约和数据采集、处理能力的限制,人们无法获得整体数据信息。因此,抽样一直是数据采集的主要手段。然而,抽样有许多缺点。例如,抽样的成功依赖于抽样的绝对随机性,但这很难实现;抽样不适合子类别,因为一旦细分类别,随机抽样结果的错误率就会大幅增加;抽样需要严格的计划和执行,采集的数据不能用于任何其他目的。

在大数据时代,数据采集、存储、分析等技术获得了突破性进展,数据总量迅速增长(见图3-2),使得"样本=总体"变为现实,不再受限于采样方法的限制,可以更加便捷地获取研究对象有关的一切数据。此外,大数据强调数据的复杂性和完整性,可以进一步揭示事实的真相。因此,研究认识数据的思维方式也需要从样本思维转向总体思维,从而全面客观地认识事物的全部特征。

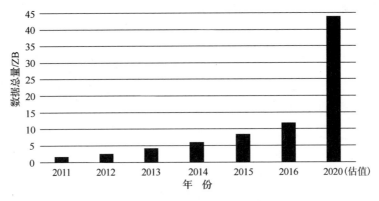

图3-2 人类产生的数据总量

例如,早期商场没有记录顾客消费数据的良好工具,只能通过销售额、会员卡等手段来获得这类数据,数据相对滞后也不够准确。而如今,商场借助客流计数器、手机定位和POS机等技术,通过对客流量的实时追踪,结合商场内部的管理系统,可以实时获取顾客的消费数据,并依据这些数据来协调商场的经营管理,提升商场的运营效率。

3.1.2 相关思维

现实世界的事物是普遍联系的，认识事物之间的相关关系是人们进一步了解世界的必然选择，也是更高层次的认知需求。

传统统计学主要通过模型来探究变量之间的因果关系，根据模型预测变量的因变量，即首先假定事物之间存在某种因果关系，然后根据这个假设建立模型，并验证假设的因果关系。由于数据具有时效性，通过数据构建的模型往往不具有普遍性和适用性。但因果关系只是事物之间相关关系的一种，事物之间的相关关系具有更加普遍和本质的内涵。

大数据时代，数据分析不再寻找在一定条件下的因果关系，而是更多地关注于数据之间的相关关系。从大量的数据中发现各种各样的相关关系，更容易发现事物深层次的规律。因此，在大数据时代，数据的相关分析是一项具有重要价值的工作。当前已经逐渐减少分析数据之间的因果关系，转而分析数据之间的相关关系。

3.1.3 容错思维

现实世界中的事物既包含相对的一面，又包含绝对的一面，人们对现实世界的认识也是相对与绝对的统一。

在小数据时代，由于样本数量相对较少，所以必须确保样本数据精确，否则从通用模型分析得出的结果就会出现偏差。例如，在确定天体位置或在显微镜下观察物体时，为了确保结果的精确性，对采样的要求十分苛刻，如果采样结果不够准确，就会影响天体位置或者观察物体结果的准确性。

大数据技术可以存储、分析非结构化和异构数据，当有更多的数据可用时，数据是否精确不再是一个问题，而成为一个新的亮点。这一方面增强了人们从数据获取知识的能力，另一方面也挑战了传统的精确思维。在大数据时代，人们不再苛求数据的精确性，转而接受数据的不精确性。在这样的背景下，可以做出更好的预测，更好地了解世界。因此，人们的思维方式已经从精确思维转变为容错思维，当有大量的实时数据时，不再苛求数据的绝对精确，而是适当容许错误和误差，从而在宏观上更好地认识事物的规律。例如，即使通过种种技术，商场仍然无法精确了解每名顾客的消费习惯，但是通过对全部顾客消费习惯的分析，可以做到更好的柜台布局、人员配置和营销策略，因此，不精确也是可以接受的。

3.2 运营思维

大数据时代，以往人们传统的数据运用思维已不再适应，产生了诸如如何从大量数据中收集有用的数据、怎样确定数据的存储方式、充分利用大数据帮助解决困境的方法有哪些等问题。面对大数据产生的新困境，需要使用灵活的运营思维，发现以往忽略的数据价值，以解决企业和社会的现实问题。

3.2.1 数据收集思维

数据收集思维，取决于辨别数据价值的能力，取决于能否在大量数据中找出核心数据和频繁使用的数据，这就对收集数据提出了更高的要求。

如果单纯地收集数据而不对数据进行分析使用，数据背后的价值就难以体现。大数据的价值是使数据处于"收集—应用"的良性循环中，并带动更多的数据进入到该循环中，以在实际生产生活中产生价值。例如，在音乐、视频和商品领域，很多网站都有推荐功能，让用户来选择"喜欢"或"不喜欢"的音乐、视频和商品。企业基于用户的选择，采用合理的算法为用户重新推荐，这就形成了一个循环——"分析—推荐—反馈—再分析—再推荐"。因此，在数据的循环过程中，有两个关键点：一个是主动数据收集，另一个是灵活的数据使用。

所谓主动数据收集，是指企业不仅要收集分析自己用户的数据，还要收集分析"别人"的数据。例如，亚马逊公司多年前就主动去收集用户的 IP 地址，然后根据 IP 地址查看用户住所附近是否有书店。通过大量的数据分析得出：一个人是否选择在网上买书的重要因素取决于他附近有没有实体书店。亚马逊公司主动收集数据，有利于了解自己竞争对手的相关情况。又如，淘宝网根据收集到的用户浏览商品数据，将相关产品推荐给用户。

数据收集并不是总能够得到关键数据，有时需要变通方法。生产商与消费者很难及时互动，生产商不能根据当前商品趋势来调整生产。但生产商可以通过当前消费者在搜索引擎中的关键词来了解商品发展趋势,从而调整生产经营策略。图 3-3 所示为一般 B2B 模式的数据收集方式。

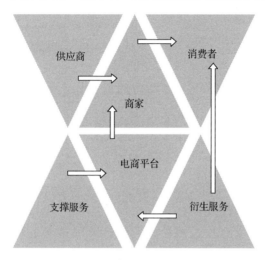

图 3-3　B2B 模式的数据收集方式

数据收集思维,就是要跳出固有思维的框架,规避现有数据框架的弊端,从相关的行业和业务中去收集能够为现在所用的数据。

3.2.2　数据管理思维

在运用大数据进行服务时,收集的数据数量很大、维度很广,需要进行有效的管理。数据管理包括很多方面,如数据来源、数据完整性、数据安全性、数据准确性和稳定性,以及数据应用等。这些数据的管理因为具有不同应用背景而有所区分,其没有一个标准可循。就整个大数据运行周期来说,数据管理是最难解决的事情。

1．存与用的博弈

在管理数据的时候,只存储而不分析和应用数据,意味着存储成本的不断增加。这时可以使用一些低价的存储方案来存储使用量较少的数据,以减少存储成本。但是,如果数据继续呈指数级增加的话,那么没有任何一家公司能够负担得起存储的代价。

面对这种两难的现实情况,一些专家提出在存储的时间段上做文章。有的专家认为存储3年的数据就足够了,即使这样,数据还是多得惊人。因此,也有专家说,只存储1年的数据,但事实上,进行数据趋势的分析常常必须要有很长时间内的数据,因此这种方案也是不可取的。在面对什么数据需要采用低成本存储方案,和确保哪些数据的安全性和稳定性的问题时,就会发现以前"先存储数据将来再使用"的观点是不可取的。

以前由于数据量小,这一问题造成的影响还不太明显。而当大数据出来后,存储和使用成为很多企业在决策中不得不面对的问题。如果不大量存储数据,企业就可能因为没有存储需要的数据而错失发展良机;如果大量存储数据而不能应用,也会给企业运营成本带来压力。事实上,这就是企业数据管理面临的博弈。

此外,现在数据的产生方式多种多样,数据的源头难以核实,数据的准确性无法得到保证,这就不可避免地给数据管理带来了负担。企业如果不对数据的准确性进行分析,收集的数据价值就会大大降低。但是,大数据时代要求其数据收集要大而全,这也是摆在数据管理面前的一大问题。

2. 数据分类的维度

在数据管理的过程中,有些关键数据必须做好保护。如果这部分数据变化或被污染了,那么其使用价值也就无法保证了。所以数据管理不能含糊地应对,要对纷杂的数据进行分类,了解所有数据的价值,为数据管理提供依据。

权威的数据公司通常从以下4个维度对数据进行分类。

(1) 按照是否可以再生,分为不可再生数据和可再生数据

不可再生数据是最原始的数据,如用户访问网站的浏览记录、用户日志等。因此,对于不可再生数据,必须要有完善的保护机制。现在,很多系统都具有冗余备份功能。可再生数据是通过其他数据加工生成的数据。有些可再生数据,如对某个用户在一段时间内的连续购物行为产生的数据,是通过长时间的积累不断加工而成的。如果对可再生数据未做保护,虽然仍然可再生,但再生耗费的时间会给企业带来负担。因此,管理数据时必须及早保护已有的不可再生数据,并收集需要但没有的不可再生数据。

(2) 按照数据所处的存储层次,分为基础层数据、中间层数据和应用层数据

基础层数据通常与原始数据基本一致,仅仅存储最基本的数据,不做汇

总，主要用作其他数据研究的基础；中间层数据是基于基础层数据加工的数据，这些数据会根据不同的业务需求，按照不同的主体来进行存储；应用层数据则是针对具体问题的应用数据，如用于解决具体问题的进行了挖掘与分析的数据。

(3) 按照业务归属，分为各类数据主体

按照业务归属分类，就像仓库中将不同的物料进行分类存放，可以提高数据使用和数据管理的效率。按照业务归属分类的数据在不同公司、不同部门之间可能体现出不同的内容。例如，网络购物平台型企业相关的数据可以分为交易类数据、用户类数据、日志类数据等。

(4) 按照是否为隐私，分为隐私数据和非隐私数据

对于包含用户隐私的数据需要采取严格的保密措施。通常的管理方法是对数据的隐私级别进行分层，从安全的角度可以应用两种类型、四个层次的数据分层。两种类型是指企业级和用户级。企业级数据包括交易额、利润、成交额等；用户级数据包括身份证号码、密码、用户名、手机号码等。四个层次是指按照数据的隐私程度进行分类，分为公开数据、内部数据、保密数据、机密数据。

3.2.3 数据应用思维

1. 活用数据指标

活用数据指标是指企业根据不同的场景收集用户数据。例如，在电商网站上，可能一位男性用户为妻子、母亲购买了女性物品，但通过模型推断出他是一名女性用户。为了避免出现这样的情况，可以在用户登记时要求用户填写性别，以提高数据指标的准确性。

阿里巴巴公司根据不同场景的用户行为给用户定义了18个标签，这听上去很不可思议。但一个人在不同场景会表现不同的面貌，在职场可能干净利落，在家中可能素颜。不同人在购物时也是不同的，有的人看到合适的就买，有的可能货比三家。在应用数据时考虑用户标签有助于为用户提供更好的服务。

活用数据就需要关注数据给用户体验带来了哪些提升，以及数据给公司

经营带来哪些好处。企业基于数据的活用，可改进自己的商业模式，提升用户体验，同时也增加了自身的营业额。

2．电商的数据标签

让数据得到使用并产生价值是电商行业应用数据的关键，值得其他行业借鉴。现在的电商具有商品丰富的显著特点。但对于用户而言，他无法浏览全部商品，如果有明确的购物诉求，会直接进入搜索引擎寻找商品；如果没有明确的诉求，则在网站提供的类目和活动等区域随意寻找。但页面内容是有限的，而且用户的时间也是有限的，商品量又非常大，于是如何将合适的商品放在首页就成了问题的关键。

专家给出的解决方案是通过数据中间层来生成用户的个性化标签，如图3-4所示。电商通过用户标签和商品的匹配，实现用户"逛"的效率最优。建立标签，通常有以下3种方法。

(1)通过业务规则结合数据分析来建立标签

这一类型的标签需要依靠业务人员的经验。例如，业务人员可以通过用户购买的车辆将用户分为不同类型的车主，当用户进入汽车配件类目时，就可以直接为用户推荐相应的汽车配件。

(2)通过模型来建立标签

例如，用户在婚庆类目上浏览就可以认为其即将结婚，这样可以给他打上婚庆标签，还可以持续观察，在未来可能会给他打上家装和母婴等标签。

(3)通过模型的组合生成新的标签

任何一个模型都是有时效的，或者说企业内部不同的建模人员可能会对同一用户做出不同的判断，所以需要对模型不断地进行整合。通常情况下，可以采用模型投票的方法从多个模型中抽象出合适的标签。例如，在3个模型中，2个模型认为宝宝年龄是3~6个月，1个认为宝宝年龄是12个月以上，通过模型的整合，应该可以确定宝宝年龄为3~6个月。

对于大数据来说，"用"是让数据发挥价值的最后一步，这里也只是举了一个数据应用的简单例子——标签系统。这是一个数据和运营数据紧密结合的案例，也是一个数据运营或数据驱动的典型案例。只有结合大数据技术将数据运营做好，才能真正发挥出数据的价值。

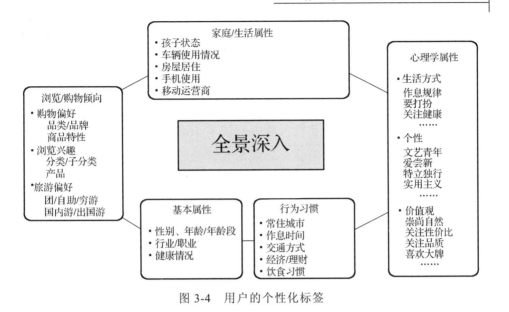

图 3-4　用户的个性化标签

3.2.4　数据价值思维

数据价值已经成为部分企业发展的重要动力，它提供了新的商业模式，也为企业运营提供了数据支撑。如果平时做一个有心人，就不难从各种看似不起眼的数据中发现价值。

1．数据分类估值

数据分类揭示了不同数据有不同的利用价值，进而可指导企业存储和应用数据。例如，一组数据可能在一个场景里没有任何价值，但在另一个场景里价值较大。因此，对于一组数据，需要从不同维度估计它的价值，进而指导数据筛选和应用。

衡量数据是否有价值，应根据具体数据和具体场景，而不是简单地进行划分。就好比衡量银和铁这两种金属的经济价值，同样质量的银的价值必然远胜于铁。但是，如果用来做刀剑，柔软的银显然就不合适。此外，银和铁的合金，则可能在特定的场合有特定的应用。

古语有云："治大国若烹小鲜。"其实运营数据也要有这样的思想，在大数据时代更要做到精细化。拿"韭菜炒鸡蛋"来说，这次做的可能是这样的口味，那么下次是不是还能保证口味完全一样呢？如果要做到口味完全一样，那应该怎么做呢？当然，你可以说这个过程已然成了一种习惯，是一种感觉，但是，一旦需要做到标准化或所有的人都能做出相同口味，就不能依靠这样的"习惯"，而必须要找出其中的规律了。这个过程是一个定量分类和管理的过程，也是一个标准化的过程——放多少韭菜和多少鸡蛋。如果再精细一点，就要看是哪里种植的韭菜、哪个养殖场的鸡蛋、韭菜的成熟程度怎么样、鸡蛋要几个等，所有这些内容都要有精细化的规定。

将这个道理应用到数据上，特别是在运营数据上，精密的过程就更加必要了。例如，某次运用了一个模型，用户体验效果不错，这次用的这组数据，用户体验效果也不错，那下次是不是还能保证有类似的效果呢？或者说，场景变换了还能保证有类似的体验效果吗？从数据的价值来说，这些都是需要认真思考的问题。因此，数据价值因数据类型和应用场景的不同而异。

2．认清数据的五大价值

基于上述相关事实和现象，参照数据类型和应用场景总结出以下数据的五大价值。

(1) 识别与串联价值

具备识别价值的数据是能够锁定目标的数据，如身份证号、手机号等。京东网和淘宝网通过用户的登录账号来关联用户的数据。如果没有这个数据，这些电商只能知道哪些产品被浏览，而不知道被谁浏览，不能分析用户行为、为用户推荐商品。

识别用户不止用登录账号这个办法，百度网通过分析用户在不同网站的浏览记录，通过信息串联得到用户的特征，为其推荐服务、提供数据支撑，这就产生了串联价值。

识别价值很大，能够直接定位用户身份；串联价值能够借助不同的数据还原用户身份。在企业数据运营中这两种价值都需要关注。

(2) 描述价值

在网上经常会看到一些标准，如什么是好男人，通过将感性的事物进行分类和数据化，实现描述事物的作用而产生的价值，通常称为数据的描述价值。

数据的描述价值往往是通过一些数据加工得到的。例如，对于一个目标用户，电商会通过分析其购买频率、购买商品等数据来分析其购物习惯。同样，可以通过营业额、利润等数据分析出一家企业经营情况。

数据的描述价值看起来十分有用，但是如果与公司业务结合不紧密，就会大打折扣。例如，淘宝网商家关注的应该是商品用户或潜在用户，如果收集所有人的数据，就是不可取的。

描述数据能够提高业务人员对日常业务的认知，当然，对于管理层而言，描述价值能够让他们加强对企业的了解，更好地做出决策。

(3) 时间价值

在大数据时代，用户在电商的每一笔购买记录对于电商来说都十分有用。电商通过用户曾经买过什么来预测其在接下来的时间还可能买些什么。如果能够将用户的购买记录做一个长时间段的梳理，那么商家的预测可能会与现实十分接近。因此，加入时间维度使数据产生了更大的价值。

大数据对时间维度进行分析，即基于大量历史数据对用户偏好进行分析，可以大大提高商品推荐的精准度。在数据分析中，对时间的分析往往十分重要，但也十分困难。

除了挖掘历史数据的价值，还可以追求数据的实时价值。例如，用户通过百度网搜索哪个化妆品好时，百度网可以跨平台推送一些品牌的广告，这些广告的厂商是通过竞价来获得推送权的。

(4) 预测价值

数据能够产生预测价值。数据的预测价值可以体现在两个部分。第一部分是对商品进行预测。例如，在电子商务中，用户的历史数据可以用来预测用户在未来可能购买的商品。再如，系统推荐的商品被用户点击产生预测价值。预测的价值并不直接体现，而是通过未来的数据体现。商家可以通过预测提前做好准备，以增加销售量。

第二部分是对企业经营状况的预测，可更好地指导企业的决策。将每天的活跃用户数作为一个考核指标对公司经营也越来越重要。公司可以通过分析活跃用户和新增用户，对公司经营策略进行调整，以适应快速变化的用户需求。

(5) 组合价值

部分数据本身没有价值，但是通过相关数据的组合可以产生新的价值，这就是组合价值。例如，通过网上商铺的好评率和累计好评率可以看出一家商铺的诚信度。在这两种数据的基础之上，还可以通过其他数据，如物流速度、与描述相符等更加精确地体现商家的服务水平，这就是经常见到的网上店铺评分系统，可为用户提供综合购物参考。

当然，就用户而言，不可能阅读所有的评论，电商平台通过对所有的评论进行关键字抽取，使用户能够直接点击关键字阅读自己关心的评论，这样可以极大提高用户购买决策的速度。

通过加深对数据相关价值的理解，可以借助其各种价值来帮助决策，进而发挥数据的作用。利用数据价值对数据分类，使用数据时就能更加得心应手。

3.2.5 数据事实思维

大数据时代，贯穿企业运营全过程的数据都能进行收集、储存和分析，这为人们利用数据决策、向数据求答案提供了便利，这也是数据运营的核心所在。

在第二次世界大战期间，美军的轰炸机在德军飞机和防空火力的攻击下损失惨重。很多飞行员经过大量的飞行实践一致认为，若机翼的面积较大则飞机易被击中，而若飞机全身加装装甲则其飞行性能会急剧下降。

针对如何加装装甲才能更好地保护飞机，美军请来统计学家沃德教授解决。沃德首先统计飞机的弹孔数据，将所有飞机的弹孔统计到一张纸上，经过分析，机翼上的弹孔较多，而驾驶舱和水平尾翼上的弹孔较少。飞行员想在前机翼加装装甲，而沃德则要求在驾驶舱和水平尾翼加装装甲。对此，他解释说，因为飞机驾驶舱和水平尾翼被击中后还能够安全返回的较少，所以加装装甲效果最好。对于他的解释，飞行员并不认可。

针对这两种意见，美军很为难，但是最后决定采用沃德的建议，在驾驶舱和水平尾翼加装装甲，结果发现执行轰炸任务的飞机生存率大幅上升，而通过战后分析也发现坠毁的飞机大部分也是由于这两个地方被击中而坠毁的。

沃德通过科学的理论和方法加强了飞机防护能力，提高了飞机在战场上的生存能力。因此，在大数据运营过程中，一定要摆脱经验主义，坚持用数据说话，数据即事实。

3.3 理政思维

当前,整个社会正在从网络时代迈向大数据时代,社会管理的诸多工作也正在与大数据相关技术紧密结合。政府的理政思维借助大数据相关技术可促进管理主体多元化,提升管理决策科学化,实现所有部门理政协同化,加速促进理政范式转向"科学管理"。

3.3.1 高效决策思维

大数据时代来临,政府从只获取部分数据到可以获得全部数据,决策基础得到了极大的加强。政府树立数据管理思维,可以改变以往决策中出现的脱离社会实际等问题,让管理更加有针对性。长期以来,由于我国地域广阔,人口众多,政府部门层级复杂,权力不清等原因,政府管理长期存在"错位""缺位"等问题。数据管理一方面可以弥补政府层级模式不足,例如在交通、健康、食品等方面的管理需要群策群力,大数据可以将各个部门的数据结合起来进行共同分析,进而预警防范,提高政府决策效率;另一方面,能够改变和优化层级信息传递模式,极大地降低管理成本,过去处理跨部门事务需要上级部门协调,决策执行效率很低,如今通过相关技术,将所有数据加以统合构成一个大平台(如图3-5所示),协调工作、调取数据等就大大加快,极大地提高了政府决策的敏感度和针对性。

3.3.2 阳光理政思维

大数据可以跟踪政府理政全过程,使理政变得更加透明。传统的理政过程中,政府事实上同时担任运动员与裁判员两种角色,管理缺乏监督、脱离实际等问题时有发生,甚至出现权力寻租和腐败等问题。数据理政的一个重要特征是理政过程的公开透明,其核心就是要求政府理政必须信息透明。透明化既是化解管理矛盾、提升管理能力的重要前提,也是国家"善治"的一个重要特性。大数据采用各类技术将政府理政加以全景展示,结合信访等传统手段和微信、微博等社交媒体,可对政府理政进行监管,暗箱操作存在的空间越来越小,政府理政更加透明,人民群众也会更加配合政府理政行为。

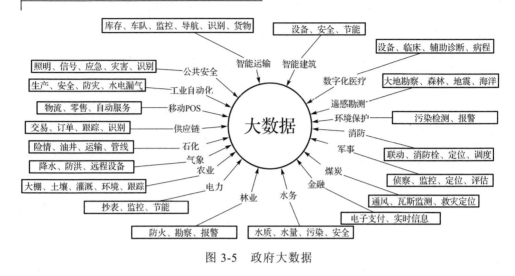

图 3-5　政府大数据

3.3.3　数据赋能思维

大数据的应用能够帮助政府实现三大目标：建设一个开放透明的政府，建设一个智能执政的政府，建设一个为民服务的政府。因此，政府在运用数据时，应以数据思维指导工作，进一步落实数据治国和数据强国战略。要实现这一目标，政府需要具备以下几个意识。

(1) 数据即财富意识

大数据不仅意味着数据量大和数据种类多，数据所拥有的价值相对于过去也更容易体现。过去有些数据的价值在应用背景下没有体现，但伴随着技术的发展，数据被应用到更多的场景之中，其价值也逐渐得到了体现。大数据平台有效地交互、分析政府拥有的数据，会挖掘出更多的数据价值，这也就是"数据即财富"的意识。

(2) 数据即权力意识

在网络时代，特别是大数据时代，数据的重要性急剧增大。政府管理过程中会产生大量的数据，筛选屏蔽一些敏感的数据后，将其他数据向公众开放，接受群众监督，这就是数据权的由来。早在 2010 年，英国政府就接受了"数据权是每个公民的权力"的观点。

(3) 快速迭代意识

迭代是为了接近目标而不断重复过程与反馈的工作，这是在工作中不断追求更好结果的一种典型做法。具体到政府管理，为了完成某个目标，政府完成一些工作，再通过与目标比较、接受群众意见等方式，继续改进工作，从而更快实现目标。这些目标中，数据更容易加以衡量，工作方向更容易确立。大量应用迭代思维，可以让目标更快实现。

(4) 数据理政意识

大数据时代，权力中心分散，组织结构呈现网状特点，政府也由原来的管理型向服务型转变。新兴的管理理念主要关注权力去中心化、结构网络化和方式协调化等方面的内容，这就要求在管理过程中更多地强调数据理政而非数据管理，要充分发挥各部门协调能力，有效利用数据价值，提高理政能力。

(5) 个性服务意识

政府作为一个服务机构，在管理过程中要针对不同人群开展不同的服务。通过自身搜集数据或与一些数据公司合作，搜集管理对象信息，通过服务大厅、政府网站、社交媒体等形式为其提供个性化服务，既可以提高管理效率，也使管理具有针对性和实效性。政府部门广泛应用大数据相关技术，可以让整个决策过程更加准确迅速，真正实现执政过程透明而科学。

3.4 创新思维

在运用大数据时，需要突破常规思维的障碍，以超常规的视角去认识大数据、运用大数据，提出新颖的解决方案，从而产生独特的成果。受军事领域和人工智能领域对于数据认识的启发，下面分别从跨界思维、智能思维和赋能思维三个方面研究认识大数据。

3.4.1 跨界思维

当今社会，各行业之间壁垒已日渐消失，原本毫无关系的行业通过相互融合、渗透，催生了新的行业，创造了新的商业模式。例如，互联网与金融融合产生的互联网金融已展现出了强大的发展前景。在行业融合中，跨界思维是关键因素。它通过嫁接其他行业的价值对企业进行创新，制定全新的发展模式。

在大数据时代，跨界思维重点体现在使用其他行业的数据来解决本专业的问题。例如，在社会安全领域，警察可以使用日常生活的多种数据来识别各种犯罪活动。根据情报，某地区有部分人员私自加工制造管制刀具，如果采取逐户检查的常规方法，任务量大，耗时长，很难完成任务。由于加工管制刀具使用的机械设备具有独特的用电特征，当地警察通过分析该地区用户的用电量波形来及时发现犯罪团伙。

当前，人们已经收集了各行各业的海量数据，在解决本专业问题时，可以采用跨界思维，使用其他专业的数据，可能会产生意想不到的效果。

3.4.2 智能思维

进入信息社会以来，人类一直试图在智能化和自动化方面寻求突破。即使在人工智能，特别是深度学习获得极大发展的今天，智能技术的发展仍然不充分。

大数据时代的到来，为智能技术发展带来了契机。众所周知，人脑能够对事物的数据进行收集、归纳和提炼，从而获得对事物的认识与见解。伴随着物联网、云计算等的迅猛发展，大数据系统也能够全面地收集事物的数据，并像人脑一样对数据进行归纳总结、做出判断、提供结论，无疑具有了类似人类的智能思维能力和预测未来的能力。

在大数据的应用中可以采用智能思维的集体智慧来解决某些问题。集体智慧有三种模式：一是权威模式，二是对等模式，三是网络模式。在权威模式中，可以将某些数据作为权威数据，用权威数据建立的模型对其他数据进行分析。在对等模式中，将相似的两组数据进行融合，然后分析处理融合后的数据集。在网络模式中，每个数据集都提供数据来验证模型的某个参数。

3.4.3 赋能思维

大数据是战略性资源，数据资源的共享开放和对大数据的开发应用，将赋予我们在各个领域"全面了解、精准预测和智慧决策"的能力。

赋能源于心理学，指通过言行、态度、环境的改变给予他人能量。当前，赋能被广泛应用于商业管理中，指为了充分发挥员工的个人能力，管理人员要下放权力，赋予员工自主工作的权利。

在赋能思维的应用场景中，存在管理者和被管理者两种角色，被管理者在管理者的指导或监督下开展某项工作。如果管理者在被管理者工作中过于细致地干涉，就会妨碍被管理者发挥其主观能动性，此时被管理者就像傀儡一样执行管理者的命令，无法挖掘个人潜力，其工作的动力会被扼杀。如果将权利适当下放给被管理者，则可以调动被管理者的工作兴趣，使他在工作中可以放开手脚，充分发挥个人才智和潜能。

在大数据应用中，存在数据中心和数据采集端。数据采集端根据要求将数据采集后，传输给数据中心，数据中心再对数据进行分析处理。如果采用赋能思维，赋予数据采集端适当的数据处理功能，则数据被采集后可以迅速被处理，处理结果可以及时获得，这样既减少了数据中心的数据处理请求，也缩短了数据处理时间。

第 4 章 大数据产业——风生水起

从信息产业角度来讲,大数据还是新一代信息技术产业的强劲推动力。大数据产业已成为当前经济的重要增长点,是推动经济结构转型与产业升级的重要因素。大数据产业潜在的发展空间十分巨大,鼎力发展大数据产业,既能够改进政府管理模式,又能够重构企业科学决策过程,提升产业创新发展能力。

4.1 大数据产业概述

大数据产业现已覆盖到社会经济体系的方方面面,大数据相关产业与传统行业互相交融渗透,涉及的领域也极其广泛。

大数据产业主要指与数据相关的经济活动,根据数据在产业中的地位和发挥的作用,可以分为核心产业、关联产业和融合产业,这 3 类产业又互相融合,如图 4-1 所示。

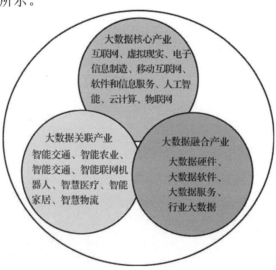

图 4-1 大数据产业的组成

4.1.1 发展阶段及市场规模

1. 发展阶段

大数据产业的发展阶段通常可以分为探索起步期、快速推进期、规模发展期、产业消化期和应用成熟期5个阶段，如图4-2所示。在探索起步期，大数据产业逐渐受到市场的关注，各类大数据产业典型产品与服务会相继推向市场，各类互联网企业率先促使各类大数据应用落地。发展到快速推进期时，国家政府部门会密切关注大数据产业的发展趋势，逐渐出台一系列法律、政策来促进产业良性发展。借助政府部门的政策支撑，大数据产业会迅速过渡到规模发展期。在这个阶段，大数据的相关概念会得到广泛普及，各类大数据企业的用户数量也会急剧增加，同时借助资本的注入，各类大数据企业将得到规模化发展。大数据产业在经过一段时间的快速发展后，会进入产业消化期，此时大数据市场发展相对成熟，各类过热现象逐渐冷却，市场开始大规模洗牌，部分技术水平低、规模较小的大数据企业会被逐步淘汰。大数据产业最终将进入应用成熟期阶段，大数据行业各类标准规范相继建立并不断完善，行业监管有效规范，行业及细分领域发展稳定。

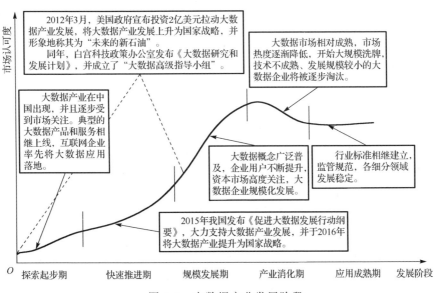

图4-2 大数据产业发展阶段

基于特殊国情，我国的大数据产业的发展可以分为探索期、市场启动期、高速发展期和应用成熟期4个阶段，如图4-3所示。我国在2009—2011年进入大数据产业探索期，互联网企业大数据应用率先部署，其他大数据产品与服务纷纷上线。2012—2013年，我国进入大数据产业市场启动期，各类数据分析厂商粉墨登场，大数据市场陆续出现新的产业模式，各类细分市场不断涌现。2014年至今，我国正处于大数据产业高速发展期，各类细分市场进入差异化竞争。展望未来，我国大数据产业将逐渐发展到应用成熟期，建立完善的行业标准规范，促进大数据产业持续稳步发展。

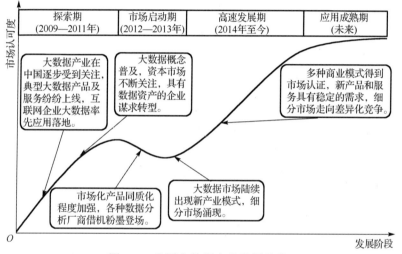

图 4-3 我国大数据产业发展阶段

2. 市场规模

经预测，大数据产业的全球市场规模在2020年将达到5397.1亿美元，比2019年同期增长56.97%，如图4-4所示。由于大数据产业全球市场规模的基数越来越大，其环比增长率已呈下滑趋势。

从潜在价值角度分析，大数据在诸多领域中均有其潜在应用价值，目前在教育、交通、消费、电力、能源、大健康及金融这七大全球重点领域内，潜在价值预计为32200～53900亿美元，如图4-5所示。

从产业分类角度看，全球大数据市场中，市场份额排名前三的分别是行业解决方案、计算分析服务和存储服务，其中行业解决方案占据全部市场份额的35.40%，如图4-6所示。

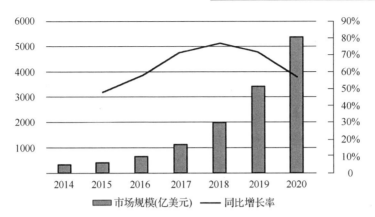

图 4-4　2014—2020 年全球大数据市场规模

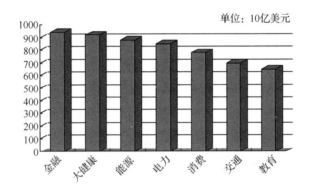

图 4-5　全球七大重点领域大数据应用潜在价值

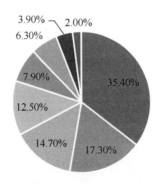

图 4-6　大数据产业市场份额

从发展趋势看，大数据全球市场格局呈现两极发展态势。大数据企业大多由以下两类组成：一类是创新型企业，基于大数据技术和不同市场需求提供创新高效的解决方案；另一类是传统数据库公司，依靠其强大的资源和原始技术积累影响大数据领域。图 4-7 展示了全球大数据行业收入排名前十位的企业。

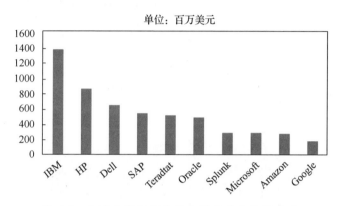

图 4-7　全球大数据行业收入排名前十位的企业

目前，相比于欧美发达国家，我国大数据产业还属于起步阶段，但在国家战略的积极扶持和政策指引下，政府、企业高度重视发展大数据产业，大数据产业发展保持了飞速增长的趋势。我国 2017 年大数据产业发展态势良好，达到 234 亿元的市场规模，比 2016 年增长超过 39%，如图 4-8 所示。我国大数据产业在国家政策的扶持、资本力量持续进入的有利环境下，可以预见大数据产业发展将仍然保持飞速增长的势头。

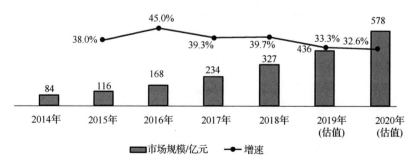

图 4-8　2014—2020 年我国大数据市场规模

4.1.2 产业链与商业模式

1. 大数据产业链

大数据的应用贯穿于整个大数据产业链的各个环节,大数据的价值由多个环节共同交融体现。通常情况下,大数据产业链由数据挖掘与分析、数据应用等多个环节构成,如图4-9所示。

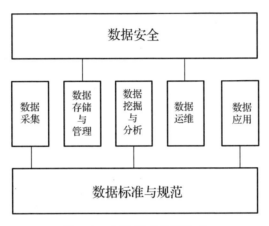

图4-9 大数据产业链构成

(1)数据标准与规范

建立完善的标准规范有助于产业的健康发展。大数据产业链的标准规范应涵盖数据挖掘、数据分析、数据应用、数据共享等多个方面、多个领域。大数据产业链标准规范由大数据产业链体系结构标准规范、数据信息格式标准规范、数据信息展示标准规范、大数据产业链组织管理标准规范、大数据产业链安全评估标准规范等组成。大数据产业链的标准规范应由各个数据库拥有企业、标准化组织共同协商制定。

(2)数据安全

信息技术的迅猛发展使得数据规模呈指数级增长,这也同时造成了数据安全隐私管理等难题。数据的安全保护随着数据规模的增长,难度也在不断增加。同时,海量的数据采用分布式技术分析处理,也加大了数据安全保护的难度。伴随着越来越多的数据源进行交汇融合,海量的私密数据汇聚到了大数据流之中,使得个人隐私泄露风险剧增。

(3)数据采集

数据采集有多种渠道,除我国政府部门掌握有人民群众的大量个人数据外,诸如腾讯、阿里巴巴、百度等互联网巨头也拥有大量的网民数据。还可以通过编写爬虫程序或接入网站 API 等方法,对相关数据进行收集,这也是数据的一大来源。

但是,现实世界的数据并不都是完整、一致的,这就为数据挖掘工作带来了难度,将直接导致数据采集工作无法进行或采集效果不理想。因此,在进行数据采集工作前,还需进行数据预处理。一般来说,这个环节需要投入大量的人力与物力,对预采集数据进行填补、平滑、合并等处理。因而数据的预处理也是大数据产业链中不可缺少的一环。

(4)数据存储与管理

对于大数据产业链中的数据存储与管理环节,目前主要还是由传统数据库企业提供技术支持,在国际上主要有 IBM、Inter、Oracle 等企业,在国内则主要有华为、中兴、数据堂等企业。各企业针对不同的应用需求,分别开发了各自的数据库架构,对大数据进行存储与管理。

(5)数据挖掘与分析

对数据进行挖掘与分析基于以下两个目的。

一是从海量的数据中提取计算机系统能够理解、识别的知识。

二是对隐形的数据,如数据信息关联情况、语义意图等信息进行挖掘。

目前,成熟先进的数据挖掘与分析技术主要掌握在大型数据库公司和科研院所。例如,IBM、微软、谷歌、BAT 等企业均有其自己独特的数据挖掘与分析技术。对海量数据进行挖掘与分析的技术是整个产业链的核心,其优劣程度直接影响大数据产业链的发展。图 4-10 展示了基本的数据挖掘与分析技术分类情况。

(6)数据运维

数据的潜在价值随着数据挖掘与分析技术的发展越发得到人们的重视。一般来说,数据的挖掘者也负责数据的运维。现如今,越来越多的政府部门开始利用大数据技术、大数据平台来推进政府数据资源公开共享,进而打造新型政府。

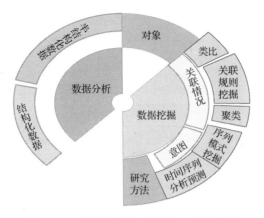

图 4-10 数据挖掘与分析技术分类情况

(7)数据应用

大数据的诞生和发展给传统信息技术行业带来了前所未有的冲击，信息技术体系和产业布局都发生了重大变革。国内以 BAT 为代表的一大批互联网企业，以及云计算和传统数据库企业纷纷大力发展大数据应用，借鉴现有公开的大数据应用技术，开发出各自的大数据应用平台，并为用户提供相应的大数据应用解决方案，在各个领域形成了专业化的大数据应用。

目前，大数据应用的发展已经开始反向促进传统信息技术、数据库架构技术的创新突破。在这种创新转型的过程中，下一步需要明晰大数据模式下的数据挖掘、数据分析、数据共享究竟是什么，明晰数据所有者的权益应该如何保障、大数据的商业模式如何实现等。

就现状而言，仅在整个大数据产业链中布局一两个环节是远远不够的。如果想要通过大数据开发更广阔的市场空间和利润空间，就必须有将整个大数据产业链融会贯通的能力，创造将数据流生成利润的商业模式，才能在大数据技术驱动背景下的商业变革中占得先机。

2．大数据商业模式

合理运用大数据可以为企业探寻更大的市场利润空间，重新构建行业架构体系。在整个大数据产业链中，各个环节均具有不同的商业需求，而新的商业需求也必将造就全新的商业运营模式与盈利方法，最终生成全新的商业模式，如图 4-11 所示。

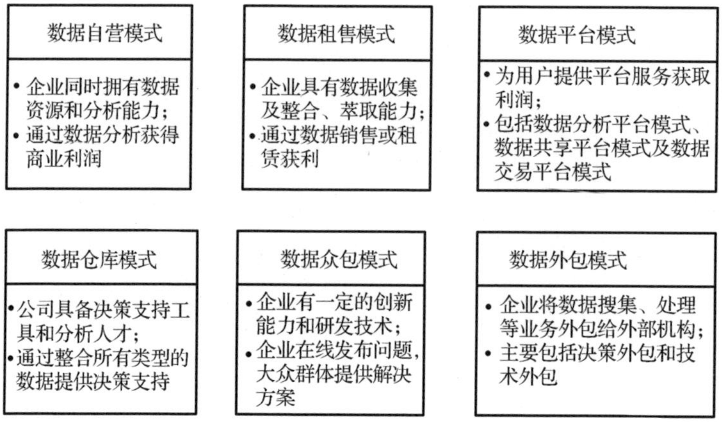

```
┌─────────────────────┐  ┌─────────────────────┐  ┌─────────────────────┐
│ 数据自营模式        │  │ 数据租售模式        │  │ 数据平台模式        │
│ •企业同时拥有数据   │  │ •企业具有数据收集   │  │ •为用户提供平台服务 │
│  资源和分析能力;    │  │  及整合、萃取能力;  │  │  获取利润;          │
│ •通过数据分析获得   │  │ •通过数据销售或租   │  │ •包括数据分析平台   │
│  商业利润           │  │  赁获利             │  │  模式、数据共享平台 │
│                     │  │                     │  │  模式及数据交易平台 │
│                     │  │                     │  │  模式               │
└─────────────────────┘  └─────────────────────┘  └─────────────────────┘

┌─────────────────────┐  ┌─────────────────────┐  ┌─────────────────────┐
│ 数据仓库模式        │  │ 数据众包模式        │  │ 数据外包模式        │
│ •公司具备决策支持工 │  │ •企业有一定的创新   │  │ •企业将数据搜集、处 │
│  具和分析人才;      │  │  能力和研发技术;    │  │  理等业务外包给外部 │
│ •通过整合所有类型的 │  │ •企业在线发布问题, │  │  机构;              │
│  数据提供决策支持   │  │  大众群体提供解决   │  │ •主要包括决策外包和 │
│                     │  │  方案               │  │  技术外包           │
└─────────────────────┘  └─────────────────────┘  └─────────────────────┘
```

图 4-11 大数据新型商业模式

(1) 数据自营模式

数据自营模式通常是指企业本身具备数据挖掘能力,能够收集海量相关数据,通过数据分析倒逼企业现有业务的优化提升,为企业预测未来市场趋势、提供合理决策,最终使企业市场利润空间更加广阔的新兴商业模式。

数据自营模式的推广应用需要企业自身满足一定条件。首先,企业能够自行通过数据挖掘技术采集企业内部数据,包括生产产品和企业内部管理等的数据。其次,企业必须拥有相对成熟先进的大数据分析技术,不仅能够对数据进行挖掘获取原始海量数据,还能够对数据进行分析处理。最后,企业能够依据数据分析结果做出科学决策,持续优化原有业务体系,推陈出新,预测未来市场趋势,最终使企业获得高额利润。因此,能够应用数据自营模式的企业大多是综合实力强劲的企业,企业自身技术积累基本涵盖了大数据产业链各个环节,具有数据挖掘、数据存储、数据分析处理、数据应用等诸多技术,企业自身便能构成闭环运行的大数据产业链循环。

Facebook 公司就是使用数据自营模式的典型企业。该公司不仅拥有海量的用户基数,而且拥有挖掘庞大用户数据的技术,同时自身也是这些庞大用户数据的加工者、利用者。Facebook 公司挖掘到的庞大用户数据不仅涵盖了 Timeline 中的实时用户数据,还涵盖了 Instagram 中蕴含的细分数据。Facebook 公司利用先进的大数据分析处理技术,对庞大的非结构化数据进行处理,将得到的分析结果运用到企业内部决策、广告营销、产品设计等多个方面。采用这种新型商业模式，Facebook 公司实现了针对不同目标人群的精准营销和广告投放。其 2017 年第三季度的总营业收入和净利润分别达到 103.28 亿美元和 47.07 亿美元，相比于 2016 年同期总营业收入 70.11 亿美元，增长了 47%；相比于 2016 年同期净利润 26.27 亿美元，增长了 79%。其中，广告部门的营业收入占总营业收入的 98%。

(2) 数据租售模式

借助相关平台，将已完成预处理的数据租售给用户以获得酬劳的方式，即数据租售模式。这要求企业具有较强的数据挖掘和数据提取的综合能力，形成完整的数据挖掘、数据分析处理、价值传递产业链。在数据租售模式下，数据完成增值并可用于交易。它能让企业通过差异化来提高竞争力，在商业竞争中超越对手。

例如，百度公司已经建立了基于数据销售的商业模式。采集用户通过百度搜索游戏的数据并建立数据库，将其出售给游戏运营商。作为搜索引擎行业的巨头，百度公司能够轻易收集到用户的访问搜索信息，并在法律允许条件下将其出售。

(3) 数据平台模式

数据平台模式可以为用户提供便捷的个性化服务。数据平台模式通过大数据平台实现数据的分析处理、数据的共享、数据的交易等功能，是一种新型的商业模式，主要包括以下 3 种模式。一是数据分析平台模式。该模式能够通过平台为用户提供方便快捷的数据存储、操作、分析服务。用户仅需了解基本的数据分析技术，即可将待分析处理的数据上传到平台，再利用平台提供的强大数据分析处理软件进行数据的分析。二是数据共享平台模式。搭建这类数据服务平台的企业自身拥有海量的数据，可以为用户提供数据资源。数据共享平台还可以开放数据 API，为相关用户提供开发环境，再获取分成利润。只要服务提供商具备过硬的数据挖掘能力和数据分析技术，这类平台便能够轻松地运行。三是数据交易平台模式。数据提供者与数据需求者可以通过这类平台自由地进行数据交易。数据交易平台模式需要建立标准规范来确保数据交易能够完成，数据提供者可以上传数据到平台，用户则可以从平台上获取相应数据。数据平台模式随着技术的发展而不断优化，其未来发展空间巨大。

例如，谷歌公司旗下的 Big Query 数据平台便能为用户提供强大的数据分析服务，用户不必投入大量时间和金钱来建设自己的数据中心，仅需通过 Big Query 平台，便可以上传数据进行在线数据分析。Big Query 平台通过为用户提供强大的数据分析服务，可以有效地节省用户的成本。Big Query 平台拥有海量的关于用户访问情况、购买意向、浏览记录等的数据，能够为用户提供在线数据分析等服务，预测相应商品所需的库存量、物流分配能力，进而能够迅速地处理不同的突发情况。Big Query 平台为用户带来了巨大的潜在商业价值，并且有助于其开拓更加广阔的发展空间。

(4) 数据仓库模式

数据仓库模式，是指在整合一切不同类型数据的基础上，为企业提供科学合理的依据进行决策，从而使企业获取更大利润。采用数据仓库这种商业模式的企业，通常拥有先进的决策支持工具和高水平的数据分析处理人员，通过为企业提供最佳的决策支持，协助企业完成业务流程的智能化改造，以及监督管理时间、成本和产品质量。数据仓库模式与决策型企业的契合度最高。它能够协助用户做出迅速合理的决策，从而实现用户利润的最大化。

Teradata 公司是全球范围内最强大的，致力于为用户提供数据仓库服务、信息咨询服务，并为企业提供数据分析服务和优化决策方案服务的企业。Teradata 公司的数据仓库拥有强大的数据并行分析处理平台。该平台可以迅速准确地实现海量数据的分析处理，从而使海量数据资源的利用效率得到充分提高，进而使企业在尽可能短的时间内做出科学合理的决策规划，最终使企业的整体经营效率得到有效提升。

(5) 数据众包模式

数据众包模式是指相关企业在线公布尚未解决的难题，由公众群体(专业的或业余的)为企业提供处理方案，被采纳人员能够获得相应回报，且其知识成果归企业所有的一种模式。数据众包模式能够通过在线的分布式方法解决问题。数据众包模式中，企业往往结合先进的大数据技术，从海量用户数据中寻找企业产品的设计灵感，通过挖掘用户设计的海量数据，再对相关数据进行分析处理，进而为企业寻找最优的产品设计方案。在这一过程中，企业通过借助社会资源的力量，提升了自身的创新研发能力。一般情况下，创新型企业适宜采用数据众包模式，因为其围绕的中心是用户产生数据，进而通过不同用户的差异性提升其创新潜力。

Threadless 公司采用了数据众包模式对其产品设计进行创新优化。大量业余爱好者或专业人员会在 Threadless 公司的官方网站上提供关于 T 恤衫设计构思的方案，并将设计方案上传到网站，以供所有用户浏览评阅，Threadless 公司最终会依据所有用户对设计方案的评分及预约订单，决定生产方案，这能使其产品销售指向更加精准化，从而避免了大量的库存积压和资金回流困难，在协助公司正常运营的同时，还能够赚取更多利润。数据众包模式在最大限度地满足用户实际需求的同时，也为企业产品的设计提供了灵感，确保了企业产品的受欢迎程度，降低了企业的潜在风险。

(6) 数据外包模式

在这种模式中，企业采取将数据的挖掘、分析处理等中间环节交给其他专业机构来完成的策略，从而重新进行企业资源分配，降低了企业成本，最终达到增强企业核心竞争力的目的。提供数据外包模式服务的企业必须具备相关的技术背景，熟练掌握先进的数据挖掘技术、数据分析处理技术等，能够为各类企业的决策难题和技术难题提供解决方案。运用数据外包模式能够协助企业缩短决策周期、减少业务流程，最关键的是减少了企业运营成本，让企业能够聚力于核心业务，提高企业核心竞争力。

例如，Facebook 公司能为相关企业提供数据分析处理外包服务。Facebook 公司凭借其具备的庞大用户基数，可以对海量用户的社交动态及组织关系进行数据分析处理，最终针对数据处理结果对用户进行分门别类，为相关企业提供针对特定用户的精确广告投放服务。Facebook 公司拥有庞大用户数据及先进的大数据分析处理技术，其数据处理结果能够为不同行业的公司提供决策支持，该模式在 Facebook 公司具有宽广的市场应用空间。

4.1.3 产业应用领域

本节主要从公共服务和企业商业两方面介绍大数据产业应用领域。

公共服务类大数据应用可以为各类公共服务提供科学合理的支持。在城市建设方面，大数据应用能够对城市的气候和地形等自然数据，以及经济发展、文化建设等人文数据进行分析处理,进而为城市规划决策提供支持,促进科学地规划城市建设。在城市交通方面,大数据应用能够对道路交通数据进行实时监控,通过对数据的分析处理,能够迅速对突发交通状况进行响应,缓解城市交通拥堵难题,促进城市交通的畅通运行。在社会舆论监管方面,大数据应用能够通过智能分析网络关键词语义,提高社会舆论的分析和处理能力,充分掌握社会舆论动态,有效应对网络舆情。

大数据与传统企业相结合催生出诸多企业商业类大数据应用,使企业能够有效地提高运营效率,促进传统企业运作模式的转型升级。各行各业目前均在深入探索大数据价值,有针对性地研发大数据相关应用。在目前大数据应用的众多行业中,电子商务行业、电信行业的企业商业类大数据应用较为成熟,金融行业商业类大数据应用的市场潜力最大,具备广阔的发展空间,如图 4-12 所示。

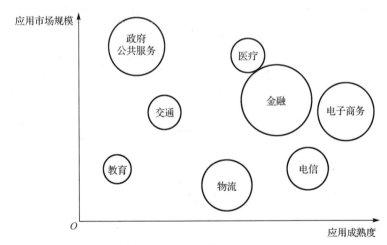

注:图中圆的大小代表市场吸引力的大小。

图 4-12 大数据产业应用领域分析

4.2 国外大数据产业

发达国家将推进大数据产业发展置于国家战略高度,制定出一系列发展战略规划,为大数据产业蓬勃发展保驾护航。

4.2.1 美国

美国于 2012 年 3 月通过了"大数据发展战略",以求全方位为大数据产业发展提供支持。之后,美国政府又通过了"大数据研究和发展计划",以求提升挖掘数据及分析处理数据的能力,进而为美国国防安全做出贡献。美国商务部于 2016 年 1 月通过了"数据易用性计划(CDUP)",以促进政府部门数据更加开放共享,深入挖掘美国政府部门数据的应用潜力,以此实现产业创新和社会进步。美国于 2016 年通过了"联邦大数据研发战略计划",为大数据产业的未来发展提出了 7 条重要战略意见,旨在为大数据产业构建完善的架构体系,强化对数据的分析处理能力,使其能够从海量数据中凝练出关键要素,推动美国社会经济发展。2017 年,美国为网络与信息技术研发计划投入高达 45.4 亿美元的预算,以维护其大数据产业发展的领先地位。

"全球经济即将迈入大数据时代"的预测最初是美国麦肯锡公司提出的。该公司认为,社会生产效率的新一轮增长及消费者盈余浪潮即将到来的征兆,已经在人们对于大数据的运用中逐渐显露。如今,诸如微软、谷歌等公司纷纷投入到大数据技术的研究和应用中,期望能从复杂凌乱的海量数据中分析得到用户的爱好兴趣,凭借数据分析处理结果为用户提供个性化产品与精准服务,对产品进行迭代更新,这也是大数据应用的一项至关重要的价值体现。IBM、Oracle、Inter、惠普等享誉全球的企业纷纷开始开展大数据相关业务。这类企业基本涵盖了全世界范围内优秀的数据搜索服务提供商、数据库服务商、数据存储设备提供商等。美国高校一方面为美国大数据产业发展输送各类专业技术人才;另一方面也为美国大数据产业发展提供相关技术理论指导。

4.2.2 日本

早在 2012 年,日本就已开展新一轮 IT 振兴计划,将发展大数据产业提升到了国家重要战略高度。日本对发展大数据产业进行了大力扶持,大数据产业市场规模在持续不断地扩增,预计在 2020 年左右将会突破 1 兆亿日元。同时,日本超过 60%的企业开始应用大数据技术来优化企业现有业务。

日本于 2012 年推出"活跃 ICT 日本"战略,以求建设一个涵盖全国各级部门的政府公共信息服务平台。这项重大战略依赖于日本大数据产业中的数据信息和电子服务来建设政府公共信息网站，为各级系统提供数据交互服务。日本于2013年进一步出台了新一代ICT战略以推进政府部门数据的开放共享，使全国民众在网络上可以随时查阅和使用政务公开数据。日本于2013年6月发表了以大数据产业发展为中心的宣言——《创建最顶尖的IT国家》，全方位描述了日本政府是如何推进公共数据开放共享的。

日立公司于2013年建立了日立全球创新分析中心(Hitachi Global Centre for Innovative Analytics，HGC-IA)，谋求日本大数据产业向全球的扩展。HGC-IA重点关注的应用产业涵盖以下领域。

(1) 医疗服务领域

日本需要面对社会老龄化问题，面对急需多种医疗服务的老年人群体，应用大数据技术找出有效的处理方案，为患者提供更有效的关爱，提高医疗卫生服务的效率并降低成本。

(2) 通信和媒体领域

利用大数据技术为企业提供高效的数据存储管理、搜索查询、分析处理的解决方案和服务，这类数据涵盖了文字数据、图片数据及影像数据等诸多类型的数据。

(3) 能源领域

利用大数据对海量数据的分析处理能力，开发出优化能源传输效率及能源分配效率的解决方案。

(4) 交通领域

对海量交通数据进行挖掘收集，并通过分析处理获得相关结论，以此为交通运输领域提供高效的维护方案，建立安全可靠的交通运输服务。

(5) 矿业领域

运用大数据技术对矿业相关采掘设备的数据进行分析处理，最终优化端到端的矿业运营。

4.2.3 欧盟

欧盟于2011年12月发布了"开放数据战略"，以求欧盟所有企业与全体公民能自行查阅欧盟政府部门的所有数据。其中向社会开源共享海量数据是关键，在海量数据的分析处理技术、涵盖海量公共数据的门户网站构架及建设科研数据基础设施三方面增大投资，以创新发展和透明管理为其核心驱动力。海量数据在大数据产业链的不同环节中所产生的价值将是未来知识型经济的关键，充分运用数据所带来的优势能够为交通运输、医疗健康及传统制造业等行业带来新的发展机遇。

欧盟于 2015 年推动实施"数据价值链战略计划"，旨在依靠大数据技术来优化重塑固有的、落后的管理方式，进而大幅度缩减公共部门的运营成本，促进欧洲社会经济发展及带动人员就业率增长。此外，欧盟对"大数据"和"开放数据"领域的科学研究及创新实践进行了大力资助，出台相关政策以实行数据开放共享，促进各行业对数据的使用及再开发利用。

2014 年，德国颁布了"2014—2017 年数字议程"，期望发展成"数字强国"。为了实现该目标，德国加速发展国内的数字化设施，已在数百个城市建设了 4G 通信网络，在全国范围内普及了宽带。德国作为一个工业强国，其工业领域积累了大量的工业数据。从这些工业数据中可以挖掘出潜在价值来弥补人工经验的不足，可以更好地指导工业生产。德国提出的"工业 4.0"概念将物联网引入工业领域，构建工业物联网，涵盖了机器学习、大数据等概念。在工业物联网中，传感器设备收集机器生产过程中产生的数据，通过对这些数据的汇总分析，企业可以实现与代理商、供应商、用户的无缝连接，全方位实现协作，从而实现按需生产、按需定制，达到工业大数据反哺工业生产的目的，实现工业生产和工业大数据共同发展。

4.3 国内大数据产业

国内大数据产业虽起步较晚，但其市场规模逐年迅速扩增，不断涌现出各类大数据新技术与大数据新应用。

4.3.1 产业现状

1. 区域发展

我国经济发达地区是大数据相关产业的主要聚集地，北京、上海、广州更是大数据产业分布的核心区域，这些地区汇聚了诸多互联网技术企业，并且有国家诸多优惠政策的支撑，为信息技术产业的发展提供了良好的基础，形成了较为完备的产业生态链，并且其产业规模仍在不断增大。

另外，贵州、重庆等地虽然地处经济相对落后的西南地区，但是借助地方政府对当地大数据产业发展的大力支持，形成了以贵州、重庆为核心的大数据产业圈，通过积极吸引相关大数据企业与专业技术人才，试图抢占大数据产业发展制高点，促进区域社会经济的发展。2017年1月，贵阳市部署上线了政府数据开放平台，该平台涵盖14个领域、20个行业，涉及51个政府部门，包含千余个数据资源、百万条数据条目。

2．行业分析

我国各行业大数据发展水平受到行业环境、数据聚集程度、行业应用等多方面因素的影响，其发展总指数为 288.65，平均指数为 28.87。我国各行业大数据发展状况由优至劣依次为金融、政务、交通、电信、商贸、医疗、教育、旅游、工业、农业。若将我国各行业简单地划分为消费端与生产端，则处于消费端的金融、政务、交通、电信、商贸、医疗、教育、旅游行业的大数据发展指数占据了各行业发展总指数的89%，处于生产端的工业、农业的大数据发展指数占据11%，如图4-13所示。现阶段，我国行业大数据的发展正在经历从消费端向生产端逐渐过渡的转变。伴随"促进大数据发展行动纲要"等一系列规划的相继出台，各行各业应用大数据的范围与深度不断扩大，我国大数据产业发展将进入成长新阶段。

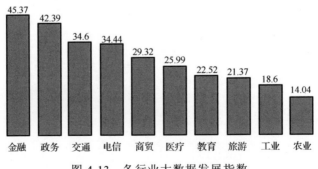

图 4-13　各行业大数据发展指数

3．企业现状

我国大数据企业主要分为数据资源型企业、技术拥有型企业和应用服务型企业三类，如图 4-14 所示。

以阿里巴巴、腾讯、百度等公司为代表的互联网企业（数据资源型）

以华为、联想、浪潮、曙光、用友等公司为代表的传统IT厂商（技术拥有型）

以亿赞普、托尔斯、海量数据等公司为代表的大数据新兴企业（应用服务型）

图 4-14　我国大数据市场主体企业

数据资源型企业：先天拥有大量数据资源或将收集数据资源作为目标的企业。数据资源型企业在一定程度上占据先天优势，可以通过其掌握的数据资源或挖掘数据来进一步提升企业自身的竞争力，或主导数据交易平台的形成。

技术拥有型企业：以技术开发见长，提供数据的挖掘、数据的存储、数据的分析处理及数据可视化等服务的企业。技术拥有型企业涵盖了软/硬件企业及各类解决方案提供商。

应用服务型企业：为用户提供云服务和数据服务的企业。应用服务型企业广泛地服务于各个行业，注重开发便捷化和易维护的产品服务，同时针对不同行业用户的需求提供差异化的服务。

根据 2018 年第四届数据博览会发布的《中国大数据企业排行榜》，我国实力较强的大数据企业如表 4-1 所示。

从大数据产业链看，各类企业涉猎的范围不断拓展，几乎囊括了大数据产业链的各个环节，其中从事数据挖掘与分析业务的企业最多，所占比例高达 63.7%；从事 IDC、数据中心租赁等数据存储业务的企业所占比例最低，仅为 8.5%，如图 4-15 所示。

表 4-1 2018 年我国实力较强的大数据企业

排　名	企　业　名　称
1	阿里巴巴(中国)网络技术有限公司
2	华为技术有限公司
3	腾讯科技(深圳)有限公司
4	联想集团
5	浪潮集团
6	"滴滴出行"平台
7	小米科技责任有限公司
8	太极计算机股份有限公司
9	微软(中国)有限公司
10	富士康工业互联网股份有限公司

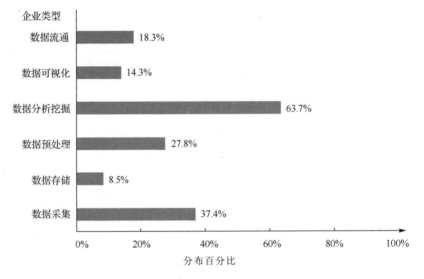

图 4-15 大数据企业在产业链中的分布百分比

4.3.2 存在问题

大数据产业的蓬勃发展给国家经济转型升级带来了活力，但同时也必须关注到其背后存在的问题，需要解决和突破，主要包括以下几个方面。

(1) 数据共享程度低

公共数据多由政府部门掌握，政府部门作为数据的收集者和管理员，在数据方面拥有着天然的优势。但在现行体制机制下，政府部门的数据不易实现分享，不同级别、不同地域政府部门的数据往往自成体系，给数据开放分享制造了壁垒。其根本原因在于目前我国尚未建立统一的政府部门数据开放平台，各政府部门的数据通常各成体系、相互分割，同时因存在涉及公民隐私、国家安全等问题，多数政府部门存在不敢开放数据的现实情况。这种人为原因造成的数据共享屏障直接导致了数据的获取困难，对我国大数据产业的发展造成了不良影响。跨地区、跨部门数据存储尚未形成清晰明确的数据共享监管体系，其他诸多相关问题也有待政府部门尽快解决。

(2) 数据隐私安全堪忧

数据安全问题是大数据时代的核心问题，是线上和线下融合在一起的特征。在大数据获得开放的同时，也带来了对数据安全的隐忧，数据的安全防护问题亟待解决。海量数据的分析处理采用分布式技术，这加大了数据安全防护的难度。越来越多数据源的交汇融合，使得私密数据汇聚到大数据流之中，加剧了个人隐私的泄露风险。软件后门成为大数据安全的软肋，软件既是IT系统的核心，也是大数据的核心，几乎所有的后门都开在软件上。数据文件安全面临极大挑战，大多数用户文件都在第三方运行平台中存储和进行处理，这些文件往往包含很多部门或个人的敏感信息，其安全性和隐私性需要格外关注。大数据安全搜索涉及通信网络的安全、用户兴趣模型的使用安全和私有数据的访问控制安全。

(3) 产业相关生态体系构建不完整

欧美国家的大数据产业起步较早，已形成了较成熟的大数据产业生态结构，在整个产业生态链的每个环节中都有大量的实力企业和丰富产品。我国大数据产业起步较晚，相关生态体系尚未构建完整，在产业链的各个环节中，拥有成熟技术的公司不多。虽然大数据应用在我国已有不少实例，但就整体而言，我国大数据产业体系还存在诸多短板。

(4) 大数据相关技术人才稀缺

随着大数据产业的蓬勃发展，大数据领域对人才的需求越来越大，大数据人才培养受到了各界的广泛关注。当前我国高校的大数据教学尚处在探索阶段，未系统地开设大数据专业进行人才培养，尤其缺乏成熟的、系统性和规范性的大数据教学体系和教材，导致社会上系统掌握大数据相关技术的人才稀缺。

4.3.3 努力方向

大数据产业的发展不仅对社会经济建设发展有着重要的意义，而且在国家的重大发展战略中有着举足轻重的地位。应用大数据技术构建智慧家居、智慧医疗、智慧交通等解决与人民群众利益密切相关的出行、安全、健康等问题，是现代社会发展的必然趋势。为促进我国大数据产业稳步发展，未来在以下方面需要持续努力。

(1) 拓展数据开放共享

政府部门应加快立法，制定相应的数据开放共享政策，加快公共数据的公开化、透明化进程。各级政府应督促建设公共数据开放共享网站，严格落实数据共享监管流程，成立多层次的数据核查控制体系，最终形成公共数据开放共享的服务平台体系。各级控制数据资源的政府部门应对数据的公开共享做好把控，在不泄露国家机密数据、私人数据的大前提下，尽快实现公共数据的公开共享。

(2) 落实完善的数据安全保护标准规范

大数据时代，开放数据和保护数据安全需要通过标准规范来保证，如果没有相应的标准规范，就很难判断哪些数据应该共享，哪些数据不应泄露；谁可以用，谁不可以用。因此，出了问题很难找出幕后黑手。一方面，要对涉及国家重要机密的数据资源进行全面监督，确保数据安全。这需要在数据安全保护体系中明确重点数据管控领域、重点数据使用流程，建立合理的数据使用分级权限制度。另一方面，还应对个人隐私数据建立更强的保护体系，通过立法来保障个人隐私不受侵犯，对违规买卖个人隐私数据的行为进行严厉打击，保护公民相关权利不受侵害。

(3) 谋求大数据产业链的融合创新

为实现大数据产业链整体的创新突破，应组建相应的产业联盟，集中力量，合力突破。相关行业协会、产业联盟都可为大数据产业的发展提供一定的支持力量，以大数据应用为牵引，为产业链的上下游企业谋求融合创新。

(4) 培育大数据相关专业技术人才

大数据产业的健康持续发展需要更多大数据相关专业技术人才的支持。

我国在引进大数据相关专业人才方面应出台相应政策，为高技术人才搭建具有吸引力的环境，为推进我国大数据产业健康发展的相关高技术人才提供全方位的保障；应加快推进高等院校成立大数据相关专业的进程，建设一批精品课程，为我国大数据产业的发展培养相关专业技术人才；着力解决高等院校培养的人才应用实践经验不足等难题，广泛开展院校与企业的合作交流，让其培养理论与实践能力相结合的人才。针对社会人员，要加大继续教育培训力度，为有志之士提供良好的在岗培训环境，提高相关企业专业技术人才的专业技能水平。

4.4 实体经济+大数据

在数字经济时代，数据的可获得性和流动性日益增强，大数据也逐渐概念落地。大数据在实体经济发展中所起的作用由量变发生质变，从一开始作为与资本、技术等共同推动实体经济发展的因素发展为提升工业生产率和决定未来社会生产力发展水平的关键要素，慢慢催生出实体经济与大数据深度融合的新经济形态。数据已然成为社会生产的一种重要生产资料。

在大数据的助推下，实体经济正在朝着网络化、数字化、智能化的方向加速发展。利用生产大数据，企业可以实施众包设计、云制造等制造模式，支持相关行业的网络协同制造；还可以提升重点能耗行业的节能在线监测水平，推动传统产业智能化升级改造。商品从设计生产到销售使用，直到最终报废销毁，每个阶段都会产生数据，这些数据是指导商品设计生产的宝贵财富。以往由于技术欠缺，这些数据很难被收集利用，无法指导企业进行再生产。当前企业有条件来使用这笔数据财富，通过分析这些数据，可以挖掘用户的准确需求，定位生产过程中的关键环节和技术，实现用户需要什么，企业就制造什么。例如，有些企业根据产业数据，制定个性化方案，采用柔性制造模式，大幅度缩减了产品的研制交付周期，降低了企业的运营成本，提高了产品合格率和企业产能。

在大数据的牵引下，一批新技术、新产品、新模式如雨后春笋般出现，催生了大数据金融、大数据旅游、数字经济等新业态。例如，在金融领域，各大银行纷纷将传统数据仓库架构改造成大数据平台架构，通过和其他领域交互，获取用户的全方位数据，实现了对用户审核的全面性和高效性，开发了基于大数据风控的"秒贷"业务，该业务不仅提高了贷款效率，而且扩大了普惠金融的覆盖面，实现了银行和用户的双赢。

当前，以数据采集、数据存储、数据挖掘、数据安全等为核心业态的大数据产业体系已经逐渐完善。人工智能等新一代信息技术产业越发成熟，正在大力推动大数据向经济社会各领域、各行业延伸，提升产业转型升级能力，加快构建新型产业体系，引领实体经济走向新的发展阶段。

第 5 章

大数据技术——神兵利器

大数据技术本身不是一门学科，而是一种方法，它与云计算、机器学习等新技术密切相关。面对海量异构、动态变化、质量低劣的数据，传统的数据处理方法难以为继，而新的处理分析技术还不够成熟。大数据技术的核心是从大量的数据中提取有价值的信息，使数据得到最有效的利用。本章将介绍大数据处理框架、数据采集与清洗、数据存储与管理、数据挖掘与分析、数据可视化及大数据安全等关键技术。

5.1 大数据技术概述

大数据技术主要包括数据采集与清洗技术，目的是采集大数据并加以整理，从中抽取结构特征；数据存储与管理技术，用于持久存储大数据，确保大数据以最便捷的方式被读取和更新；数据挖掘与分析技术，用于分析大数据特征，挖掘蕴含在大数据中的潜在价值；数据可视化技术，用于对数据挖掘与分析后获得的知识进行可视化展示。这些技术组成了大数据技术"金字塔"，如图 5-1 所示。

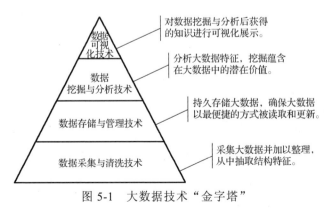

图 5-1 大数据技术"金字塔"

大数据技术"金字塔"呈现了不同技术的层次关系和逻辑关系，大数据技术框架进一步展示了大数据的组成要素和关键内容，如图5-2所示。

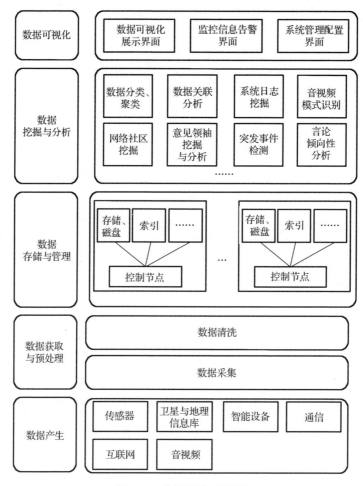

图5-2 大数据技术框架

大数据技术框架是应用大数据各类技术的体系架构,其主要技术包括数据获取与预处理,包含系统日志采集、网络数据采集、数据库采集和数据辨析、抽取、清理、融合等技术；数据存储与管理,包含分布式文件系统、非关系型数据库和多维索引等技术；数据挖掘与分析,包含分类、聚类、预测等传统技术和特异群组挖掘、相似性连接、深度学习等新型技术；数据可视化,包含文本、网络、时空数据和多维数据等的可视化技术。

大数据技术可以极大地提高诸多领域的数据处理和应用效率，能发现并提取隐藏在数据中的信息和知识，使数据得到最有效的利用。大数据技术提升了社会经济集约化的程度，对目前的社会生产做出了巨大贡献。因此，大数据在我国已上升到战略地位，并在商业智能、政府决策、公共服务等重点领域得到应用。

5.2 大数据处理框架

大数据处理技术平台通常分为处理框架和处理引擎。通常来讲，引擎是用来处理数据的组件，而框架则为引擎提供操作平台。常见的大数据处理框架有 Hadoop、Storm、Spark 等，处理引擎有 Hadoop 下的 MapReduce。

5.2.1 Hadoop

Hadoop 是由 Apache 基金会开发的可进行批量处理的开源大数据处理框架。用户无须了解 Hadoop 细节即可直接开发应用程序。该框架可充分利用集群优势进行高速计算和存储。

Hadoop 实现了 MapReduce 编程模式，即将应用程序分解为许多并行计算指令，这些指令都能在集群的任意节点上运行，并以分布式文件系统（Distributed File System, DFS）来存储所有计算节点数据，从而极大地提高了整个集群的带宽。MapReduce 和 DFS 结合的独特设计使得 Hadoop 能够自动处理节点故障，从而提高了整个系统的持续工作能力。

其中，MapReduce 是 Hadoop 的数据计算核心，不仅能处理各种结构类型的数据，而且能对其进行并行分析和处理。MapReduce 的数据分析任务有两类：大量的并行 Map（映射）和 Reduce（归约）汇总。Map 任务可以分布运行在多个服务器上，最大集群规模可达 4000 个。

具体来说，传统方法通常无法处理 TB 和 PB 级的数据，而 MapReduce 主要针对大数据的海量特性，采用分治思想，将数据分块后并行处理，最后将各部分的计算结果进行合并。以文档（数据集）词频统计应用为例，如图 5-3 所示，首先将文档分割为分布在不同计算节点上的若干个数据块（数据子集），通过 Map 过程并行统计每个节点上数据块中各个词出现的次数，所有并行统计的结果通过 Reduce 过程进行合并汇总，即可得到整个文档中各词出现的次数，即词频统计结果。

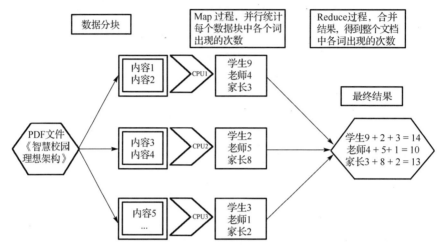

图 5-3　MapReduce 过程示例（词频统计）

以下任务通常适合运用 Hadoop 及 MapReduce 处理。

① 复杂数据：很多业务产生的数据不仅包括关系型数据，还包括其他类型的数据，比较复杂且难以处理。MapReduce 支持各种原始数据类型，如网络日志、传感数据等的存储与分析，在很多业务中可以发挥很大作用。即使以后有新的数据来源和数据类型，MapReduce 也能对其进行处理。

② 超大规模数据：目前，数据量爆炸式增长导致数据存储形势严峻，数据存储成本过高会造成大量有价值的数据流失。DFS 能适应超大规模数据的处理，其可以部署在廉价硬件上，具有容错性高、吞吐量大等特点。

③ 新型分析手段：随着复杂数据的海量出现，数据分析需要使用更新颖有效的算法。MapReduce 已发展出许多可采用的新算法，包括自然语言处理、深度学习等。

5.2.2　Storm

Hadoop 的大数据解决方案是针对处理海量数据需求的，重点用于解决高吞吐量任务，如机器翻译、网页检索、分布式计算等，但在实时性要求较高的数据处理任务上，Hadoop 则有些力不从心。进行实时交互处理消息数据的系统，一般称为流处理系统。Storm 就是支持流处理和批处理、采用 Clojure 语言编写的分布式计算框架，其在被 Twitter 公司收购后向社会开源。Storm 使用用户创建的"水龙头"(Spout)和"螺栓"(Bolt)来定义消息源和消息处理单元，对批数据和流数据进行分布式处理。

Storm 应用的是拓扑结构(Topology)，由一些 Spout 和 Bolt 组成图状结构，可以提供类似 MapReduce 任务操作的功能。两者之间的关键区别在于，MapReduce 任务最终是会结束的，而 Storm 的拓扑结构会一直运行，当遇到异常时拓扑结构仍会无限期地运行，直至被手动终止。

图 5-4 以视频系统为例展示了 Storm 集群应用。Storm 集群由运行 Nimbus 的主控节点和运行 Supervisor 的工作节点组成，Supervisor 负责接收任务，同时管理自身的 worker 进程，worker 进程中运行着 Topology 任务。每路设备都作为一个拓扑结构提交 Nimbus，Spout 实例抽象成一路设备，订阅持久化对象存储中的一路码流，将连续的流发射到集群进行后续处理。DecAlgBolt 任务负责对视频进行目标跟踪分析，最耗时的任务将在集群中实例化，以充分利用集群的性能。MergeBolt 任务负责收集计算结果并实时通知应用层。应用服务层提供实时跟踪、系统监控等服务。

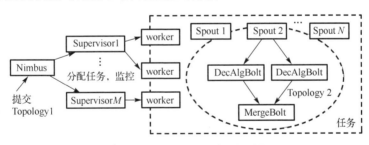

图 5-4 Storm 集群应用示例

由于在实时计算方面具有极大优势，Storm 被广泛应用于很多领域，包括实时分析、在线机器学习、信息流处理(如处理新的数据和快速更新数据库)、连续性计算(如连续查询应用——将微博上的热门话题转发给用户)、分布式 RPC(远程调用协议，通过网络从远程计算机上请求服务)、ETL(数据抽取、转换和加载)等。电商领域有个性化实时搜索分析需求的任务中，一般都采用"Time Tunnel+HBase+Storm+UPS"的架构，可秒级响应用户行为直至完成分析，每天可以处理多达 10 亿数量级用户的日志数据。

5.2.3 Spark

Spark 由加州大学伯克利分校 AMP 实验室设计并开源，是大规模数据处理的通用计算引擎。Spark 除拥有 Hadoop MapReduce 的优点外，其数据处理的中间输出结果还可以保存在内存中，而不再需要读/写存储系统，比 Hadoop 更高效。因此，Spark 的运算速度比 MapReduce 更快，且能更好地适应机器学习等有大量迭代内容的算法。

Spark 有如下优点。

① 运行速度快：Spark 的 DAG 执行引擎可以支持循环数据流和内存计算，运行速度比 Hadoop 快 100 倍以上，其基于磁盘的运行速度也比 Hadoop 快 10 倍以上。

② 操作方便：Spark 支持多种编程语言，如 Scala、Java、Python 和 R 语言，其中 Scala 和 Python 可以使用 Spark Shell 进行交互式编程，简单、易上手，便于各领域使用。

③ 通用性强：Spark 能与多种数据库进行交互，支持 SQL 查询组件，同时还支持多个机器学习和图算法的组件。在应用中有效集成这些组件，可以应付很多复杂、困难的计算。

④ 运行模式多样：Spark 可以在独立的集群模式下运行，也可以与 Hadoop 结合使用，支持访问 HDFS 文件系统和非结构化数据库 HBase 等，还可以在云环境(如阿里云等)中运行。

此外，Spark 支持将数据加载至集群内存，并可对其进行多次查询，因此在机器学习领域得到广泛使用。

5.3 数据采集与清洗

数据采集与清洗技术是指对数据的 ETL(Extract-Transform-Load)操作，以供挖掘数据潜在价值。ETL，即数据从数据源经过抽取(Extract)、转换(Transform)、加载(Load)后到达目的端的过程。同时，从数据源采集到所需数据后，由于采集过程可能存在不准确性，因此必须进行数据清洗，以过滤、剔除其中不正确的部分。

5.3.1 数据采集

目前,大数据技术处理的数据有结构化、半结构化、非结构化等多种类型,数据来源包括各种传感器数据、互联网相关数据及 RFID 射频数据等。数据采集是大数据生命周期的重要一环,即通过对多种数据源进行采集获得各种类型的海量数据。现实中数据产生的种类很多,且产生方式也不同,数据采集主要有以下 3 种形式。

(1) 系统日志采集

系统日志采集主要是指对大数据系统中软/硬件和系统问题的信息进行采集,并对系统运行进行监控。在互联网企业的数据处理中,系统日志数据处理占据相当重要的地位。通过对日志数据进行采集、收集和数据分析,挖掘业务平台日志数据中的潜在价值,为企业决策和后台性能评估提供了可靠的数据保障。日志采集系统就是用来收集日志数据的系统,用于提供离线和在线的各类型数据,以便分析使用。

目前常用的开源日志采集系统有 Apache Flume、Scribe 等。Apache Flume 是分布式服务,用于采集、聚合和转移日志数据,具有基于流式数据流的简单灵活的架构,并具备可靠性和故障转移恢复机制,具有强大的容错能力。

Scribe 是 Facebook 公司的一款开源日志采集系统。Scribe 本质上是分布式共享队列,可以从各种数据源采集日志数据,存入共享队列中。Scribe 可以接收 Thrift 客户端发送的数据,将其放入消息队列,并推送至分布式存储系统中。分布式存储系统发生冲突时,Scribe 消息队列还可以将日志数据写入本地磁盘,以提高系统的容错能力。

(2) 网络数据采集

网络数据采集通常是指从互联网采集数据,既可以通过网络爬虫技术采集数据,也可以通过调用网站公开的 API 来采集数据。网络数据采集支持非结构化数据,如文本信息、视音频信息等,其主要特点是利用数据挖掘技术将非结构化数据从网页中抽取出来,按照一定的规则和排列格式将数据进行分类整理,并存储成一系列具有统一格式的结构化数据文件。

当前,互联网普及程度越来越高,网络数据呈爆炸式增长态势,互联网已成为大数据主要的数据来源之一。因此,互联网大数据采集已成为业内重点关注的方向，其核心是根据用户部署的任务，对互联网中的相关数据进行高度并行的自动采集，并将数据迅速收集到系统中。图 5-5 给出了互联网数据采集的具体示例。

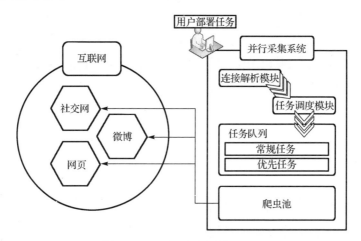

图 5-5　互联网数据采集示例

实际中，通过网站平台提供的公共 API（如 Twitter 和新浪微博的 API）从网站中获取数据，可以从网页中提取非结构化和半结构化数据，并将其转换、存储为统一的本地文件数据。目前常用的网页爬虫系统有 Apache Nutch、Crawler4j、Scrapy 等。

Apache Nutch 是高度可扩展和可伸缩的分布式爬虫框架，由 Hadoop 支持，通过提交 MapReduce 任务，分布式抓取网页数据，并将数据存储在 HDFS 中。Apache Nutch 可以进行分布式多任务抓取、存储和索引数据。Apache Nutch 利用多计算机的计算资源和存储能力，极大地提高了抓取数据的能力。

Crawler4j、Scrapy 均提供便利的爬虫 API，开发人员不需要关心具体框架，从而大大提高了开发效率，可以很快完成特定爬虫系统的开发。

(3) 数据库采集

目前，很多企业会使用传统的关系型数据库 MySQL 和 Oracle 等存储数据，企业业务数据以逐行记录的形式被直接写入数据库。此外，Redis 和 MongoDB 等 NoSQL 数据库也是常用数据库。数据库采集系统通过直接与企业业务后台服务器结合，可以直接采集业务后台产生的大量业务记录，并交由特定的处理系统进行系统分析。目前流行的数据库采集技术主要有 Hive 和 Apache Sqoop。

Hive 是 Facebook 公司一款开源的、基于 Hadoop 支持的 PB 级可伸缩性数据仓库，支持使用类似 SQL 的声明性语言（HiveQL）进行查询。HiveQL 支持基本数据类型，类似数组和 Map 的集合及嵌套组合。HiveQL 降低了对 Hadoop MapReduce 不熟悉的用户学习使用它的门槛。

Apache Sqoop 是在 HDFS 与传统数据库之间传输数据的解决方案，可将批量数据从企业生产数据库（如关系数据库、企业数据仓库和 NoSQL 数据库）加载到 HDFS，或者从文件系统将数据转换至生产数据库，解决了使用脚本传输数据效率低下且耗时的问题。Apache Sqoop 使用数据库元数据判断数据类型，每条记录都是以类型安全的方式处理的。

5.3.2 数据清洗

数据质量是数据处理最重要的前提。只有提高数据的质量，才能支持各种数据处理方式，提高数据分析结论的有效性。针对海量原始数据中存在的错误、不完整、不一致、格式有误或重复的"脏"数据，可以采用数据清洗技术，将不必要的数据"清洗"掉，从而提高数据的质量。数据清洗主要包括对已接收的数据进行辨析、抽取、清理、融合等操作。

① 辨析：辨别分析原始数据中的有用数据，解析出可以进入下一步处理的数据。

② 抽取：抽取的实质就是将复杂的数据简单化。由于大数据的数据量巨大，且类型众多，因此已采集数据的结构类型也就不固定，而抽取则可以将复杂的数据单一化、结构化，从而提高数据处理的效率，并且减少数据分析的工作量。

③ 清理：因为采集的数据并不是全部都有价值的，总会存在干扰数据，即无用的、甚至是完全错误的数据，清理的工作重点是对数据"去噪"，将干扰数据清除，以提高提取数据的准确性和处理数据的效率，其基本过程如图 5-6 所示。

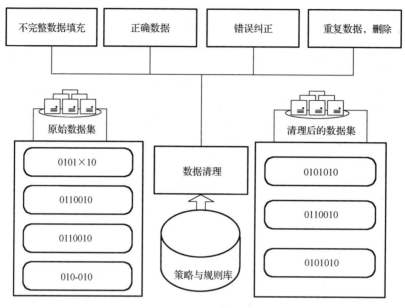

图 5-6 数据清理的基本过程

④ 融合：针对大数据的数据异构性，可通过多融合引擎将不同类型的数据汇合到统一的数据集合中，如图 5-7 所示。

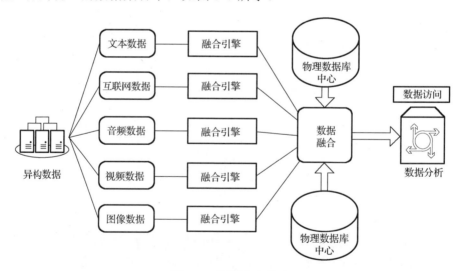

图 5-7 数据融合技术

目前常用的数据清洗工具有 DataStage、PowerCenter、Kettle、OpenRefine、

DataCleaner 等。DataStage 是 IBM 公司开发的大数据集成解决方案，可以集中、批量式处理整合和连接、清洗转换大数据。DataStage 以 Hadoop 大数据作为源和目标，与现有整合任务具有统一的逻辑架构和开发界面，可以验证和清洗大数据源的数据质量。Informatica 公司的 PowerCenter 可以访问和集成多种业务系统和数据，并按任意速度在企业内传输数据，具有高性能、高可扩展性、高可用性等，提供了数据清洗和匹配、数据屏蔽、数据验证等多个组件功能。Kettle 是开源商业智能套件 Pentaho 产品体系中的数据集成模块，使用元数据驱动方法提供 ETL 功能。Kettle 主要使用在数据仓库环境中，可以实现在应用程序或数据库之间进行数据迁移、加载大量数据至数据库、数据清理等，支持文本文件、数据表及各类商业或开源的数据库引擎。OpenRefine（前身是 GoogleRefine）是一款用来专门清洗混乱数据的开源工具，通过删除重复项、空白字段及其他错误来清理数据，能够快速处理有一定程度非结构化的大数据集，并在互联网上提供了可供提问、交流、分享的讨论社区。DataCleaner 可以将杂乱的半结构化数据集转化为干净可读的数据集，清洗后数据可以被任何数据可视化工具读取。

5.4 数据存储与管理

大数据中存在文本、图片、音视频等非结构化数据，用传统存储模式无法满足用户需求，对其进行存储和管理也十分复杂。因此，要考虑不同的大数据应用的特征，从多个角度和层次对大数据进行有效存储和管理。

5.4.1 分布式文件系统

分布式文件系统（DFS）是指通过计算机网络实现在多台计算机上进行分布式存储的文件系统。DFS 基于客户机/服务器模式，主要考虑可扩展性、可靠性、性能优化、易用性及高效元数据管理等关键技术。当前大数据领域中，DFS 主要以 Hadoop 分布式文件系统（HDFS）为主。HDFS 是适合运行在通用硬件上的分布式文件系统，其采用冗余数据存储，可以增强数据可靠性，加快数据传输速度。

相比于其他文件系统，HDFS 具有以下优势。

① 支持海量数据存储：可以支持 TB 和 PB 级数据的存储。

② 兼容廉价设备：HDFS 设计可在廉价商用硬件集群上运行，遇到节点故障时，能够继续运行且用户察觉不到明显中断。

③ 硬件故障检测和快速自动恢复：集群环境中的硬件故障是常见问题。HDFS 设计中，数据节点(Datanode)出现故障时，数据可以从其他节点找到，同时管理节点(Namenode)可以通过心跳机制检测数据节点是否存活。

④ 流数据访问：运行在 HDFS 上的应用程序以流的形式访问数据集，HDFS 被设计为适合批量处理，而不是适合用户交互式处理。其设计重点是加大数据吞吐量，而不是计较数据访问速度。

⑤ 简单一致性模型：对于外部用户，无须了解 HDFS 底层细节。HDFS 程序对文件操作需要的是"一次写、多次读"的操作模式。"文件一旦创建、写入、关闭之后就不需要修改。"这个假定简化了数据一致性问题，是实现高吞吐量的数据访问的前提。

⑥ 高容错性：采用冗余数据存储，数据自动保存多个副本，副本丢失后可自动恢复。

但 HDFS 也存在不能低延迟数据访问、不适合大量的小文件存储及不支持多用户写入和任意修改文件等不足。

5.4.2 NoSQL

互联网 Web 2.0 的兴起导致传统的关系型数据库在应付超大规模和高并发的社交类纯动态网站时已力不从心，而非关系型数据库则由于其本身的特点得到了迅速发展。其中，NoSQL 数据库可以解决大规模数据集合与多类型数据带来的存储难题。

NoSQL，即 Not Only SQL，其所采用的数据模型并非传统关系数据库的关系模型，而是键值、列、文档等非关系模型。NoSQL 数据库无固定表结构，一般也无连接操作，不用严格遵守事务的原子性、一致性、隔离性和持久性原则。因此，与关系数据库相比，NoSQL 具有弹性可扩展、数据模型敏捷、紧密融合云计算和支持海量数据存储等特点。但 NoSQL 数据库也存在数据完整性实现难、应用不广泛、成熟度不高、风险较大、难以体现业务实际情况等问题。

目前，NoSQL 数据库的类型很多，包括键值数据库、列数据库、文档数据库和图数据库等。

(1) 键值数据库

键值数据库主要使用哈希表模型，表中有特定的键和指针指向特定数据，其优势在于简单、易部署。但是，如果用户只对部分数据进行查询或更新，键值数据库的效率就会大大降低。其典型代表有 Tokyo Cabinet/Tyrant、BigTable、Dynamo、Redis、Voldemort 等。

(2) 列数据库

列数据库通常用来处理分布式存储的海量数据，库中键仍然存在，但指向多个列。其典型代表有 Cassandra、HBase、GreenPlum、Riak 等。

3) 文档数据库

文档数据库的数据模型是版本化文档，即半结构化文档，以特定的格式存储。文档数据库是键值数据库的升级，它允许嵌套键值，且比键值数据库的查询效率更高。其典型代表有 CouchDB、MongoDB、SequoiaDB 等。

(4) 图数据库

图数据库与其他刚性结构的 SQL 数据库不同，它使用灵活的图形模型，并能扩展到多个服务器。其典型代表有 Neo4J、GraphDB、InfoGrid、Infinite Graph、HypergraphDB 等。

表 5-1 给出了 NoSQL 数据库的分类比较，可以看到，NoSQL 数据库在以下情况中比较适用：数据模型较简单；需要灵活性更强的 IT 系统；对数据库性能要求较高；不需要高度的数据一致性；对于给定的 Key，较易映射复杂值。

表 5-1　NoSQL 数据库分类比较

类别	典型代表	典型应用场景	数据模型	优势	不足
键值数据库	Tokyo Cabinet/Tyrant、BigTable、Dynamo、Redis、Voldemort	内容缓存，主要用于处理大量数据的高访问负载，也用于部分日志系统等	Key-Value 对应的键值对，通常用哈希表来实现	查找速度快	数据无结构化，通常只被当作字符串或二进制数据
列数据库	Cassandra、HBase、GreenPlum、Riak	分布式文件系统	以列簇式将同一列数据存储在一起	查找速度快，可扩展性强，更容易进行分布式扩展	功能相对局限

续表

类别	典型代表	典型应用场景	数据模型	优势	不足
文档数据库	CouchDB、MongoDB、SequoiaDB	Web应用(与Key-Value类似,Value是结构化数据,不同的是数据库能够了解Value的内容)	Key-Value对应的键值对,Value为结构化数据	数据结构要求不严格,表结构可变,不需要像关系数据库那样预先定义表结构	查询性能不强,且缺乏统一的查询语法。
图数据库	Neo4J、GraphDB、InfoGrid、Infinite Graph、HypergraphDB	社交网络、推荐系统等,专注于构建关系图谱	图形	可利用图结构相关算法,如最短路径寻址、N度关系查找等	通常需要对整个图做计算才能得出需要的信息,且结构不方便做分布式的集群方案

5.4.3 多维索引技术

维度就是观察数据的角度。多维数据(Multi-dimensional Data)指多维空间中的数据,如二维空间中的点、矩形、线段,三维空间中的球、立方体,以及高维空间中的点数据等。

一般来说,多维数据具有结构复杂、数据海量、动态、操作多样化、时间代价大等特点。在实际操作中,可能经常需要从各类数据库,尤其是多维数据库中提取特定的数据。例如,在图像处理方面,需要从图像数据库中找到与特定要求最符合的图像;在关键字处理方面,要在微博中搜索含有指定关键字的微博内容等。因此,数据库的索引结构需要根据数据的不同而变化,而传统的数据索引结构(如 B-树等)无法适用于多维数据,需要寻找新的索引模式。

根据数据集合的属性可以将其分为维度和度量两种类别,维度用来描述度量,度量是指分析处理的对象。两者在多维空间的映射相当于坐标轴和点的关系,即维度(坐标轴)描述度量(点)的属性。多维索引技术参考了这一概念。图 5-8 示意了多维索引技术在微博信息检索中的应用,该微博数据集有用户、时间、关键字 3 个维度,内容是度量属性。

为了完成在多维数据库中准确快速查找的操作,多维索引的结构和技术需要具备如下特征。

① 支持动态构造:为了使数据库能够任意插入或删除数据,索引结构必须支持动态增删操作。

第 5 章 大数据技术——神兵利器

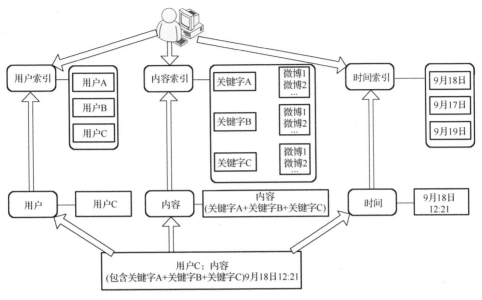

图 5-8 多维索引技术在微博信息检索中的应用

② 多级存储管理：索引结构采用多级存储管理，才能将庞大的数据库完整地缓存在主存中。

③ 支持多样性操作：尽量支持较多类型的操作，不能为了支持某类特定操作而牺牲其他操作。

④ 独立于输入数据及插入顺序：支持各类型数据，并且插入顺序也无固定要求。

⑤ 可增长性：随着数据库规模的增长，索引结构也要随之改变。

⑥ 时间空间有效性：查找速度足够快，索引结构尽量小，以保证一定的时间效率和空间利用率。

⑦ 具有并行性和可恢复性。

5.5 数据挖掘与分析

信息爆炸时代，大数据之所以具备战略意义，不在于其掌握的数据量如何巨大，而在于通过对大数据的处理，可以获取更多深入的、有价值的信息并加以利用，从而有效提升竞争力。数据挖掘与分析就是发现大数据价值的最主要手段。

5.5.1 数据挖掘的过程

数据挖掘主要是指从海量数据中挖掘出隐藏的不为人知但又极其有用的知识或信息。可以说，数据挖掘技术升华了查询技术的概念，使简单查询深入到挖掘知识的层面，并在此基础上提供高层次的决策支持。但是由于数据量庞大、不完全且模糊不定，因此针对大数据的数据挖掘技术仍是目前大数据和人工智能领域研究的一个难题。

同时，数据挖掘也是一门跨学科技术，涉及领域极其广泛，不仅包括大数据领域，而且与人工智能、数据库、数理统计、并行计算及可视化技术等多个研究领域有关联，是当今信息领域的一个新技术热点。具体来说，数据挖掘的主要功能如下。

① 分类：根据对象的属性和特征，建立不同的组来描述对象。

② 聚类：将对象集合分成由类似的对象组成的多个类。聚类与分类的差别在于聚类所要划分的类是未知的。

③ 发现关联规则和序列模式：关联是两种对象之间的关系，而序列是对象之间时间或空间纵向的联系。

④ 预测：从分析对象的特征出发，预测将来的发展趋势。

⑤ 偏差检测：对于极少数特例，详细分析对象异常的内在原因。

跨行业数据挖掘过程（Cross-Industry Standard Process for Data Mining，CRISP-DM）模型在各种知识发现过程模型中占据领先位置，其分为以下6个步骤，如图5-9所示。

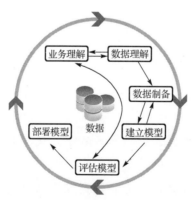

图5-9 跨行业数据挖掘过程的步骤

(1) 业务理解

该步骤包括 4 个方面：①详细分析业务需求；②准确定义问题的范围；③准确定义计算模型所需要使用的度量；④准确定义数据挖掘项目的具体目标，并拟定完成目标的初步计划。

(2) 数据理解

该步骤的核心任务是了解数据，判断数据的质量，包括采集数据，了解并熟悉数据的含义和特性，过滤、整理出适合分析的数据，进而评估数据的质量，找出影响力最大的数据，发现数据之间的隐含相关性。

(3) 数据制备(数据准备)

该步骤不仅包括准备数据，还包括从收集数据到构建数据集的一系列工作。该步骤有可能需要反复进行多次，且顺序不固定，主要是为了把各种不同来源的数据进行清洗和整理分类，使得数据能达到供给数据挖掘模型工具使用的要求。

(4) 建立模型

该步骤对数据制备步骤中预处理过的数据采用各种数据挖掘技术，选择和建立不同的分析模型。由于同一个问题可能有多种解决方式，也就会有多种适合的分析技术，但不同技术对数据的要求不同，因此反馈到数据制备步骤就需要反复进行并提供合适的数据格式。

(5) 评估模型

该步骤的工作重点在于检验模型的性能，以确保达到业务要求。在此步骤中，需要在不同的配置中创建多个模型，然后逐个进行测试，对比结果找出最优解。

(6) 部署模型

模型创建完成并不表示任务结束。用户需要通过部署和运行模型，从大量数据中获得知识，而且获得的知识要能够方便用户重新组织和观察。

发展数据挖掘技术，不仅要优化改进已有的数据挖掘和机器学习技术，而且需要研究特异群组挖掘、图挖掘等新型数据挖掘技术，突破基于对象的数据连接、相似性连接等大数据融合技术，探索面向各领域的用户兴趣分析、网络行为分析、情感语义分析等领域的分析技术。

5.5.2 新型数据挖掘技术

1. 特异群组挖掘

大数据中存在一种特定的数据挖掘需求：将数据集内少部分具有相似性的对象划分到若干个组中，而大部分对象不在任何组中，也不和其他对象相似。这样的组称为特异群组，这类数据挖掘任务称为特异群组挖掘（Abnormal Group Mining），此概念由复旦大学朱扬勇和熊赟两位教授于2009年提出。

特异群组正式定义为由给定大数据集中少数相似的数据对象组成的、表现出相异于大多数数据对象而形成异常的群组，是一种典型的高价值、低密度数据形态。特异群组具有特殊性、异常性、强相似性、紧黏合性等。朱扬勇教授团队提出了易于理解和应用的特异群组挖掘的形式化描述及其实现算法。目前，特异群组挖掘需要进一步深入研究其问题的形式化，探讨特异群组的特异性度量，设计挖掘新算法，构建适合该任务的标签数据集。

大数据特异群组挖掘具有广阔的应用前景，在证券金融、医疗保险、公共安全、生命科学等社会和科学领域都有应用需求，对发挥大数据在诸多领域的应用价值具有重要意义。例如，对于威胁公共安全的突发群体事件的监测、发现社交网络中影响网络环境的特异群体、识别电商欺诈、论文抄袭特异群组检测等，通过对特异群组的挖掘与利用，可以减少欺骗行为，提高监管力度，提升经济、社会、学术等领域的安全管理和应急响应能力，帮助政府监管部门节省开支。

2. 图挖掘

图是一种重要的数据结构，用来描述对象之间的复杂关系。当前很多系统网络，如社交网络、万维网、通信网络的数据都是以图的形式存在的。如何挖掘图中的潜在价值是迫切需要解决的问题，近年来引起了产学两界的广泛研究与讨论。图挖掘（Graph Mining）除具有传统挖掘技术的性质外，还具有数据对象关系复杂、数据表现形式丰富等特点，是处理复杂数据结构较好的方法。利用图挖掘技术获取潜在的知识和信息，已广泛应用于多个领域，如电子商务、市场金融、生产控制和科学探索等。图挖掘技术主要包括以下几个方面。

(1) 图分类

图分类是指根据图的特征子图构建分类模型，并通过分类模型对图进行分类。根据图是否有标签节点或是否有训练元组类号，图分类分为无监督分类、有监督分类和半监督分类。根据分类模型的不同，图分类分为基于频繁子图模型的分类、基于概率子结构模型的分类和基于核函数模型的分类。

(2) 图聚类

图聚类是指在考虑边结构的条件下，将图中节点划分成簇，划分后的簇能更好地提取和分析对象。根据识别簇的不同，图聚类分为簇适应算法和基于顶点相似性算法，其中簇适应算法包括基于切的算法和基于密度的算法；基于顶点相似性算法包括基于邻接矩阵算法、距离相似型算法和连通性算法。基于不同的度量准则，图聚类还可分为基于顶点结构相似度的聚类、基于属性相似度的聚类及基于顶点和属性相似度的聚类。比较经典的图聚类算法有 Kernighan-Lin 算法、谱聚类、GN 等。

(3) 图查询

图查询是指输入检索图，在图数据库中查询与检索图相同或相似的图，包括可达性查询、距离查询和关键字查询。可达性查询用来判断节点间是否存在路径，距离查询可获取节点间的最短路径，关键字查询可发现节点间的关系及与关键字相关的节点。图查询的经典算法是 BANKS 算法和双向查询算法，但这类算法无法知道图的整体结构及关键字的分布情况，使得查询无目的性。此外，还有基于索引的图查询算法，代表算法是以频繁子图为索引的图挖掘。

(4) 图匹配

图匹配是指从图数据中找出与给定输入图匹配的所有子图。根据匹配精确度，图匹配分为精确图匹配和非精确图匹配，其中精确匹配包括最大公共子图、最小公共子图及子图同构等方法，非精确匹配的代表方法是编辑距离算法。

(5) 频繁子图挖掘

频繁子图挖掘是指挖掘图中出现次数大于最小支持度的公共子结构，包括基于贪心搜索算法、基于深度优先遍历算法、基于广度优先遍历算法及处理大规模图的最大频繁子图挖掘算法。

5.5.3 相似性连接融合技术

相似性连接(Similarity join)是指在一个或多个数据源中寻找满足相似度定义的数据。相似性连接技术已经广泛应用于人口普查、引文识别、Web搜索、数据清洗及文档聚类等诸多领域，是数据融合和集成中的基本操作。

大数据环境下，相似度计算代价很大，尤其是当数据类型比较复杂或数据维度比较高时，计算将非常耗时。同时，传统的集中式算法或串行算法已经不能在可接受的时间内完成大规模数据集的相似性连接任务。因此，借助MapReduce框架，设计具有良好扩展性的相似性连接算法，成为目前大数据相似性连接的重要研究内容。

根据数据对象类型，大数据相似性连接可分为集合、向量、空间数据、字符串、图数据等相似性连接技术。

(1) 集合相似性连接

集合相似性连接查询广泛应用于文本分类、聚类、重复网页检测等方面，文本、网页都可以表示为单词的集合。集合的相似性度量包括杰卡德相似度、余弦相似度、重叠相似度和Dice相似度等。按照采用的技术不同，集合相似性连接分为穷举方案、前缀过滤、Word-Count-Like、混合方案、基于划分的方法和基于位置敏感哈希的方法。

(2) 向量相似性连接

向量数据相似性连接针对的数据类型是向量，包括低维向量和高维向量。例如，图形、图像、Web文档、基因表达数据等经过处理后，都可表示为向量。向量的相似性度量包括余弦相似度、杰卡德相似度、欧氏距离和闵可夫斯基距离等。根据返回结果的不同，向量相似性连接分为基于阈值的连接、Top-k连接和KNN连接。

(3) 空间数据相似性连接

空间数据相似性连接是指给定两个空间数据集合 R 和 S，找出所有满足空间关系要求的空间数据对。其中，空间数据可以是点(兴趣点，如房屋、商铺、邮筒、公交站等)、线(如街道等)、多边形(如住宅小区、医学图片中的细胞等)等,空间关系可以是欧氏距离、相交(重叠)等。根据返回结果的不同,空间数据相似性连接可以分为相交连接、Top-k 连接、KNN 连接和空间聚集连接等。

(4) 字符串相似性连接

字符串相似性连接使用 k 中心点和倒排索引对原数据集进行分组,然后求解问题,并利用迭代划分的思想、全过滤技术及相似度计算公式的特点,减少计算代价和通信代价,改善算法的性能。

(5) 图数据相似性连接

图数据相似性连接主要处理图结构数据,典型方法包括基于前缀过滤的可扩展算法、基于编辑距离的"过滤-验证"机制算法和基于 MapReduce 框架的高效 RDF 数据连接方法等。

5.5.4 面向领域的预测分析技术

1. 用户兴趣分析

互联网用户的所有网络访问活动均源于其内在的兴趣倾向,其兴趣直接通过网络访问活动呈现。基于源自兴趣的用户活动,进而由表层现象来挖掘内在信息,已经成为当前主流的用户兴趣主动发掘方式。用户兴趣分析技术将大量的用户活动数据汇聚,并按照一定的模型,经过过滤、筛选、分析多个步骤,最终分析得到用户的兴趣。目前常用的用户兴趣分析模型主要有以下几类。

① 基于贝叶斯的用户兴趣模型:通过运用贝叶斯模型统计分析预测功能,改善用户兴趣分析中存在的随机不确定性问题。

② 基于本体的用户兴趣模型:基于本体理论对概念性理论的精确描述,运用本体表示用户兴趣并展开综合性的理论分析求证,研究结果更加准确。本体空间兴趣建模有两种方法:一是直接将兴趣模型抽象为本体;二是从本质上分析兴趣模型,将其转化为最根本的理论概念。

③ 合作过滤兴趣模型:通过在互联网上大规模采集相关信息,再进行整理分析,找出用户兴趣。

④ 基于模糊理论和粗糙集合兴趣模型:引入模糊理论进行聚类分析,构

建用户兴趣模型，其中关键是寻找满足数学需求的隶属函数。模型可将各自的兴趣度归纳到模糊方法所构造的群体活动组中，按照某种非线性关系，将用户的行为特征与先验兴趣度共同组成带有底层表征的二元组。

⑤ 兴趣粒子模型：采用颗粒概念来细化用户兴趣，将用户兴趣抽象为最本质的粒子结构，用粗粒子表示综合性的用户兴趣块，用细粒子表示具体的兴趣关键点和主题，以此来实现基于用户兴趣的精准服务。

2．网络行为分析

网络行为分析是指在获得网络访问基本数据的情况下，对相关数据进行统计、分析，从中发现用户访问的规律，再与网络资源整合或网络营销策略等相结合，从而发现可能存在的问题，并为进一步修正或重新制定网络资源和营销策略提供依据。通过分析网络用户行为数据，可以让互联网服务的提供者更加详细、清楚地了解用户的行为习惯，提升用户体验，提高互联网服务提供者的效益。

(1) 网络用户行为分析方法

在利用各种用户行为记录工具获取用户行为数据之后，首先要选择合适的方法对这些数据进行分析。现有的分析方法包括以下几种。

① 统计分析法：最基本的行为分析方法，主要是对用户行为分解、归类后进行数量统计，得出某个类型行为的数据总量，并借助这些数据总量分析用户行为的规律。

② 聚类分析法：一种探索性分析方法，在分类、聚类过程中，并没有事先设定分类标准，而是基于样本数据自动进行分类。鉴于用户行为数据的复杂性，聚类分析法比统计分析法具有更广的使用范围，也是用户行为分析中最为常用的方法。

③ 关联分析法：在用户行为分析中，常将用户行为习惯和其他行为习惯借助Apriori等关联规则算法进行关联分析，以发现不同行为习惯之间的关系和规律，从而达到对用户行为预测的目的。

④ 决策树法：利用信息和数据的树状图形向决策人提供后续问题的辅助决策。因为分析过程涉及用户后续信息行为的预测，所以决策树也被较多地运用在网络用户信息行为分析中。

⑤ 神经网络：也称连接模型，是一种模仿动物神经网络行为特征，进行分布式并行信息处理的算法模型。神经网络在网络用户信息行为分析中主要用于预测用户后续的信息行为，以动态调整相应策略，提供更加个性化的服务。

⑥ 时序数据挖掘：时序数据是指与时间相关或含有时间信息的数据，或者用数字或符号表示的时间序列，由于相关数据随时间连续变化，因此能够反映出某个待观察过程在一定时间内的状态或表现。鉴于网络用户信息行为有着明显的时序特征，采用这种方法可以学习网络用户过去的时间特征，并能够预测用户未来的行为。

(2) 网络用户行为模型构建方法

模型是对真实世界中问题域内的事物的描述。网络用户行为分析大多需要对用户行为进行建模，即用图示、文字、符号等组成的流程图等形式对用户行为及其规律进行描述，是用户行为分析的重要基础。

① 图形化网络行为模型构建方法。

- 客户行为模型图(Customer Behavior Model Graph, CBMG)：基于转换概率矩阵的图形，主要用于描述网络用户如何从一个状态转化到另一个状态。

- 客户访问模型(Customer Visit Model, CVM)：将多个会话(如检索、浏览、下载、复制等)表示成一个会话向量集合，用于表征用户在网站或系统中的所有行为。

- 客户/服务器交互图(Client/Server Interaction Diagrams, CSID)：主要用于描述用户与服务器之间为实现某一功能而可能产生的系列交互。

② 语言描述类表征方法。

- GOMS 模型：GOMS(Goals, Operations, Methods and Selection Rules) 即目标、操作、方法和选择规则，其示意图如图 5-10 所示。模型采用分而治之的思想，将一个任务进行多层次的细化，通过目标、操作、方法和选择规则 4 个元素来描述人机交互行为，以便进行网络用户行为特征和规律的分析。

- 时序关系说明语言(Language of Temporal Ordering Specification, LOTOS)：用一套形式化的、严格的表示法刻画系统外部可见行为之间的时序关系,可保证描述不存在二义性,便于分析和一致性测试理论的研究。
- 用户行为标注(User Action Notion, UAN):描述用户的行为序列及在执行任务时所用的界面,主要用于用户和界面两个实体之间的交互。

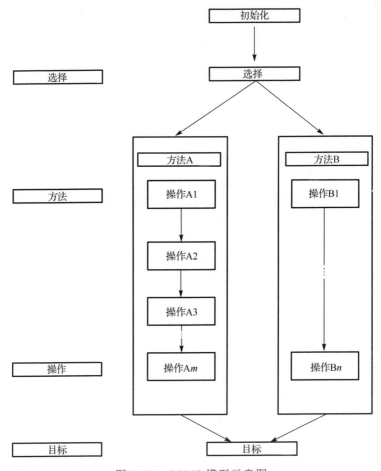

图 5-10　GOMS 模型示意图

3. 情感语义分析

情感语义分析又称意见挖掘,是对带有情感色彩的主观性文本进行分析、处理、归纳和推理的过程,主要包括主客观分类、情感分类、情感极性判断等。

(1) 主客观分类

实现情感分析的前提是将文本中的主观句与客观句分类。主观句主要描述作者对事物、人物、事件等的个人或群体、组织等的想法或看法。识别出主观句后,才能对它进行极性判断,即判断其为褒义或贬义。

(2) 情感分类

情感分类是类型特殊的文本分类问题,主要用来判别自然语言文字中表达的观点、喜好,以及与感受和态度等相关的信息。目前情感分类的研究主要有基于情感词典和基于机器学习两种方法。

基于情感词典的情感分类研究首先利用已有语义词典资源构建情感词典,再通过比对情感文本中所包含的正向情感词、负向情感词,标记正、负整数值作为情感值,同时也要考虑一些特殊的词性规则、句法结构,如否定句、递进句、转折句等对情感判断的影响。该方法需要规模较大的情感词典。

基于机器学习的情感分类,其关键在于特征选择、特征权重量化、分类器模型等3个要素。特征选择主要有基于信息增益、基于卡方统计、基于文档频率等方法。常见的特征权重量化指标包括布尔权重、词频(TF)、倒文档频率(IDF)、TF-IDF、TFC、熵权重等。分类器模型包括朴素贝叶斯模型、支持向量机、K近邻模型、神经网络模型、决策树模型、逻辑回归模型等。

(3) 情感极性判断

情感极性判断就是指判断文本内容所反映的正面或负面、肯定或否定、褒义或贬义的色彩。从机器学习角度分析,相对于情感分类,情感极性判断是二分类问题,而前者属于多分类问题。极性判断主要包括基于情感词典的方法和基于机器学习的方法。情感极性判断的研究主要集中于情感词语极性判断和情感文本极性判断两个方面。情感词语极性判断主要有两种研究方法:一种是基于语义词典进行判断,另一种是基于大规模语料库进行判断。

情感语义分析在信息检索、社交网络、舆情监控、语音识别、机器翻译、推荐系统中有着广泛的应用。例如,在商品评论分析中,可以利用情感语义分析对互联网商品的主观评论信息进行挖掘,帮助消费者优化购买决策,促使生产商和销售商改进产品服务;在网络舆情分析中,利用自动化的情感语言分析技术分析民众对热点事件的看法,可协助社会管理者及时对这些舆论进行反馈和应对,如图5-11所示。

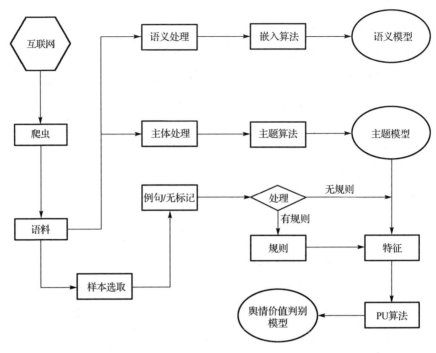

图 5-11　网络舆情的情感语义分析示意图

5.5.5　深度学习技术

当前，人工智能领域取得了重大的进展，尤其是机器学习（Machine Learning）技术的产生，为数据分析增添了新的手段。机器学习与大数据的结合进一步拓展了信息科技的发展方向，使用大数据技术采集并管理数据后，再利用机器学习技术对数据进行分析处理，挖掘数据背后的价值，已成为数据挖掘的研究应用热点。深度学习是机器学习的研究新领域，其原理是建立、模拟人脑的神经网络进行分析学习，模仿人脑的机制来解释数据。

深度学习可以模拟人脑的神经活动，利用低层特征的组合，生成更加抽象的高层表示，从而找到数据的分布特征表示，为数据挖掘与分析开辟了新的有效途径。深度学习实质上是一种对数据进行表征和学习的方法，其优点是能利用高效的算法替代人工方法进行特征学习和特征分层，从而更加准确高效地获取事物特征。同机器学习一样，深度学习方法也分成两类，一类是监督式学习,另一类是无监督式学习。监督式学习方法很多,卷积神经网络是比较典型的一种,它是一种深度前馈人工神经网络,可以避免对图像的复杂前期预处理,应用比较广泛。无监督式学习方法也不少,如深度置信网络,它是一种图形表示网络,包含较多的隐藏层,可以更好地学习各种复杂数据的结构和分布。

从统计和计算的角度来说,深度学习是在大量数据中寻找复杂规律的算法工具。目前,运用深度学习分析和处理大数据的效果比较理想,因此深度学习已成为数据挖掘开发应用的有力工具。

5.6 数据可视化

数据可视化技术的核心是将数据与数据之间的关联用图形或其他易于理解的表现形式呈现给用户,其主要研究任务是将数据分析结果形象地呈现给最终用户,提供友好的、便于用户接受的界面。互联网、社交网络、GIS、商业智能、公共服务等主流应用领域分别产生了特征各异的数据类型,包括文本、网络或图、时空数据及多维数据等,与之对应的可视化技术也就成为大数据的热门研究领域。

5.6.1 文本可视化

文本是典型的非结构化数据,是目前互联网中最主要的数据类型,也是物联网传感器生成的主要数据类型。文本可视化能够将文本中潜在的语义特征(如词频、逻辑结构、主题聚类等)直观地展示给用户。

(1) 标签云

标签云(Word Clouds)是最常见的文本可视化技术,即将关键词根据词频或其他规则进行排序,并按照一定规律进行布局,用大小、颜色等鲜明的图形特征对关键词进行可视化处理。目前,多数情况用字体大小代表关键词的重要程度,一般用于快速识别网络媒体的主题热度。

(2) 文本结构可视化

文本一般蕴含逻辑层次结构和一定的叙述模式,文本结构可视化有两种方法:一种将文本结构以树的形式进行可视化,同时可以展现相似度、修辞结构等，如 DAViewer；另一种以放射性多层圆环的形式展示文本结构，如 DocuBurst。

(3) 文本动态可视化

由于动态变化的文本具有与时间相关的规律，对动态变化的文本进行可视化是文本可视化的难点，主要方法是引入时间轴。例如，主题河(ThemeRiver)以河流为参照形式，从左至右流淌代表时间序列，将文本中的不同主题用不同颜色表示，主题词频率以色带的宽窄表示；文本流(TextFlow)在此基础上展示了主题的合并和分支关系及变化；事件河(EventRiver)将新闻文本进行聚类，并以气泡的形式展示。

5.6.2 网络可视化

大数据中最常见的关系是网络拓扑关系，即数据集内各节点之间的关联关系。实现网络拓扑关系的可视化是数据可视化的重点内容。

(1) 图可视化

基于节点和边连接的网络拓扑图结构，直观表现网络中潜在的模式关系，是网络可视化常用的手段之一。

经典的图可视化技术一般采用具有层次特征的典型技术，如 H 树(H-Tree)、圆锥树(Cone Tree)、放射图(Radial Graph)、双曲树(Hyperbolic Tree)等。此外，空间填充法也是经常采用的可视化方法，如树图(Treemaps)及其改进技术。以上图可视化方法的特点是图节点之间的关系表达直观，但难以支撑大规模(如百万量级以上)图的可视化。

(2) 图简化

针对上述图可视化方法的不足，有学者提出用图简化(Graph Simplification)方法来处理大规模图的可视化，大致分为两类。

一类简化方法是对边进行聚集处理。例如，基于边捆绑(Edge Bundling)的方法，可使复杂网络的可视化效果更为清晰；基于骨架的图可视化技术，根据边的分布规律计算出反映边聚集的骨架，再基于骨架对边进行捆绑。

另一类简化方法是分层聚类与多尺度交互，将大规模图转化为分层树结构，并通过多尺度交互对不同层次的图进行可视化。例如，可视化工具 ASK Graphview 能够对多达 1600 万条边规模的图进行分层可视化。

(3) 动态网络可视化

除网络拓扑的静态呈现外，大数据网络结构还具有动态演化性。因此，对网络动态特性进行可视化是数据可视化的重要内容。

动态网络可视化的关键点是在图上反映时间属性，因此可在图中引入时间轴。例如，StoryFlow 是一个对电影或小说故事中人物关系发展进行可视化的工具，通过层次渲染的方式，反映各人物之间的复杂关系随时间的变化，以基于时间线的节点汇聚的形式展示出来。

然而，大数据环境下对各类大规模复杂网络的动态演化可视化的研究还很少，需要将复杂网络方法与大数据可视化交叉融合。

5.6.3 时空数据可视化

时空数据是指同时包含地理位置信息与时间信息的数据。大数据时代，物联网传感器与移动互联网终端发展迅速，使得时空数据成为主流的数据类型之一。时空数据可视化的关键是对时空维度及相关的数据对象属性进行可视化建模表示，此外还要关注解决时空数据的高维度、实时性等难点。

(1) 流地图

流地图（Flow Map）是一种数据对象属性可视化的典型方法，可以将时间事件流与地图融合，反映数据对象随时空发展产生的行为变化。但是，当数据规模不断暴增时，传统流地图面临有限空间中大批图元交叉、覆盖等问题。因此，研究者借鉴大规模图可视化中的边捆绑方法，对时间事件流进行边捆绑处理。此外，基于密度计算对时间事件流进行融合处理的方法，也可以较好地解决该问题。

(2) 时空立方体

为打破二维可视化的局限性，有学者提出时空立方体（Space-time Cube）方法，以三维可视化方式展现时间、空间及事件，但该方法同样面临大规模数据导致的密集、杂乱问题。一类解决方法是结合散点图和密度图技术优化时空立方体，另一类解决方法是对二维和三维可视化进行融合，如在时空立方体中引入堆积图（Stack Graph）。

5.6.4 多维数据可视化

多维数据是指具有多个维度属性的数据,其广泛存在于关系数据库及数据仓库的应用,如企业信息系统等中。多维数据可视化要展示多维数据及属性的分布规律和演化模式,并揭示不同维度属性之间的关联关系,主要方法是基于几何图形的多维数据可视化。

(1) 散点图

多维数据可视化的主流方法是散点图(Scatter Plot),可大致分为二维散点图和三维散点图。二维散点图可将多个维度中的某两个维度属性集映射至两条轴上,在二维平面内通过标记不同视觉图形来反映其余维度属性,如通过不同的颜色、形状等表示属性的连续或离散。由于二维散点图的适用维度有限,有学者将其扩展至三维空间,通过可旋转的散点图方块扩展可映射维度的数目。实际中,散点图只适合对较为重要的有限维度进行可视化,并不适用于需要对所有维度同时进行可视化的场景。

(2) 投影

不同于散点图,投影(Projection)是一种能够同时展示所有维度数据的可视化方法。例如,VaR 方法将各维度属性集通过投影函数分别映射到标记方块中,并根据属性维度之间的关联度对各个标记方块进行布局展现。投影可视化可以反映数据属性的分布规律,同时也能直观展示多维度属性之间潜在的语义关系。

(3) 平行坐标

平行坐标(Parallel Coordinates)是目前研究和应用最广泛的多维数据可视化技术。该方法将坐标轴与维度建立映射关系,多个平行坐标轴之间以直线或曲线映射表示多维数据信息。

有学者将平行坐标与散点图、柱状图等集成,提出了平行坐标散点图(Parallel Coordinate Plots),支持从多个角度同时使用多种可视化技术进行分析。同时,平行坐标在大数据环境下也面临着大规模数据属性造成的映射密集、重叠、覆盖等问题。一种有效的解决方法是根据映射线条的聚集特征对平行坐标图进行简化,形成聚簇可视化效果。

5.7 大数据安全

大数据在发挥着重要作用的同时，它带来的安全问题也逐渐引起了人们的重视。用户隐私屡屡遭到曝光，网络攻击、数据泄露事件层出不穷，甚至可以对数据分析结果加以干预，给上层的业务应用带来不良影响。

"棱镜"计划可被理解为应用大数据方法进行安全分析的成功案例，即通过收集各个国家各种类型的数据，利用该技术发现潜在危险局势，在攻击发生之前识别威胁。

由于大数据具有海量性、混杂性，攻击目标不明确，因此攻击者为了提高效率，经常采用社会工程学攻击。因为无论大数据多么庞大也少不了人的管理，如果人的信息安全意识淡薄，那么即使技术防护手段已做到无懈可击，也无法有效地保障数据安全。大数据的安全问题需要社会多方面的力量来解决，涉及立法、宣传、技术等多个领域。本节从技术角度对大数据安全体系进行简要介绍，包括大数据安全技术体系、大数据平台安全技术、数据安全技术和隐私保护技术。

5.7.1 大数据安全技术体系

中国信息通信研究院将大数据安全技术体系分为 3 个层次：平台安全、数据安全和隐私保护，如图 5-12 所示。

大数据平台安全主要包括基础设施安全、传输交换安全、存储安全、平台管理安全和计算安全。其中，基础设施安全中的物理安全、网络安全、虚拟化安全是大数据平台安全运行的基础。传输交换安全是指与外部系统交换数据过程的安全可控。存储安全是指对平台中的数据设置备份与恢复机制，采用数据访问控制机制来防止数据的越权访问。平台管理安全包括平台组件的安全配置、资源安全调度、补丁管理等内容。

数据安全是指平台为支撑数据流动安全所提供的安全功能，包括数据分类、分级，元数据管理，质量管理，数据加密，数据隔离，防泄露等。

隐私保护是指利用去标识化、匿名化、密文计算等技术保障个人数据在平台上处理、流转的过程中不泄露个人隐私或个人秘密。这里所说的隐私保护并不仅指保护个人隐私权,还包括在收集和使用个人信息时保障数据主体的信息自决权。

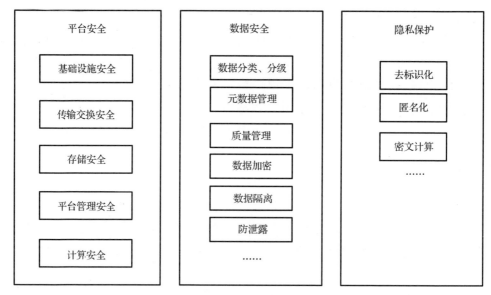

图 5-12 大数据安全技术体系

5.7.2 大数据平台安全技术

Hadoop 开源社区可以提供基本的安全机制,但无法应对日趋复杂的安全问题,商业化的大数据平台则在 Hadoop 提供的机制上做了进一步优化,完善了相关的解决方案。

(1)身份认证

Hadoop 可以支持两种身份验证机制:一是简单机制;二是 Kerberos 机制。简单机制只能让内部人员避免相应的错误操作。Kerberos 机制由美国麻省理工学院开发,使用 DES 加密算法,为 C/S 应用程序提供认证服务。相比于简单机制,Kerberos 机制具有较强的安全性和可执行性。通过集中身份管理和单点登录,商业化大数据平台进一步简化了认证机制,在管理和启用基于 Kerberos 机制的认证上更加方便快捷。

(2)访问控制

在大数据平台安全技术中,主要有基于权限的访问控制、访问控制列表、基于角色的访问控制、基于标签的访问控制和基于操作系统的访问控制。在企业中，主要使用基于权限的访问控制和基于角色的访问控制。商业化大数据平台通过基于角色或标签的访问控制策略实现资源的细粒度管理。

(3) 安全审计

Hadoop 开源系统各组件都提供日志和审计文件，可以记录数据访问过程。其缺点在于各组件对于日志和审计文件都是各自记录存储的，难以实现整个系统的安全审计。通过集中化的组件，商业化大数据平台可以形成大数据平台总体安全管理视图。以 Ranger 为例，它是一个集中式安全管理框架，可以对 HDFS、Storm 等组件进行细粒度的权限控制。

(4) 数据加密

对于静态存储数据，在 Hadoop 2.6 版本之后，HDFS 支持原生静态加密，需要加密的目录分解为若干加密区，数据写入加密区时被透明地加密，客户端读取数据时被透明地解密。对于动态传输数据，Hadoop 提供不同加密方法，保证了客户端与服务器传输的安全性。Hadoop 开源技术还支持通过基于硬件的加密方案，可以有效提高数据加解密的性能。商业化的密钥管理产品可以提供灵活的加密策略，保障数据传输过程和静态存储都以加密形式存在，还可以提供更好的密钥存储方案。

商业化通用安全组件(适用于原生或二次开发的 Hadoop 平台的安全防护机制)可以进一步加强大数据平台安全性。通过在 Hadoop 平台内部部署集中管理节点，负责整个平台的安全管理策略设置和下发，实现对大数据平台的用户和系统内组件的统一认证管理和集中授权管理。在原功能组件上部署安全插件，对数据操作指令进行解析拦截，实现安全策略的实施，从而实现身份认证、访问控制、权限管理、边界安全等功能。通用安全组件易于部署和维护，灵活性强，方便与现有的安全机制集成。

5.7.3 数据安全技术

1. 敏感数据识别技术

敏感数据识别技术用于快速从海量数据和信息中识别敏感信息，建立系统的总体数据视图，采取分类、分级的安全防护策略保护数据安全。通过机器学习可以实现大量文档的聚类分析,自动生成分类规则库。该技术对于内容识别的自动化程度在不断提高。

2. 数据防泄露技术

数据防泄露(Data Leakage Prevention,DLP)是目前最主流的数据防护手段之一。数据泄露主要指用户的指定数据或信息资产以违反安全策略规定的形式流出用户系统。数据防泄露技术可以有效防止此类事件发生。早期的 DLP 产品主要对设备和文档进行全局的强管控,称为囚笼型 DLP 或枷锁型 DLP。这些产品成熟度高,但不够灵活。目前,新的 DLP 产品引入精确数据、指纹文档、向量机学习等技术,可以实现对数据的分类,并对敏感信息和安全风险进行智能识别,称为智慧型 DLP,可以应用于更复杂的数据环境。

3. 密文计算技术

密文计算技术主要使用同态加密方法。同态加密的神奇之处在于,对于加密后的明文进行处理得到的结果,和对明文进行处理再进行加密得到的结果相同。利用同态加密方法,在云环境中,用户可以放心地把隐私数据加密后交给云计算中心,云计算中心对密文进行处理后再返回用户,由用户进行解密。这种密文计算技术可以在保证数据机密性的同时,有效提高数据的流通性和信息的合作应用。

4. 数字水印技术

数字水印技术是指把标识信息按照特定的算法嵌入宿主(包括原始数据、图像等)中,在需要时可以提取这些标识信息。数字水印具有健壮性和隐蔽性。利用数字水印的健壮性,可以对泄露的数据提取水印,追溯数据泄露的源头。利用数字水印的隐蔽性,可以在数据外发环节加上水印,从而追踪数据扩散的路径,还可以限制不法用户对数据的非法利用。

5.7.4 隐私保护技术

1. 数据脱敏技术

数据脱敏技术根据脱敏规则,通过对一些敏感信息进行数据变形,实现对个人数据的隐私保护。脱敏规则可以分为两类，即可逆类和不可逆类。可逆类一般为各类加解密算法，敏感数据在脱敏之后，可以通过解密算法进行恢复。不可逆类则以替换算法或生成算法完成数据脱敏，替换算法使用定义过的字符串替换敏感数据，生成算法则可以生成更加真实的假数据。这些完成脱敏的数据无法恢复。常用的脱敏规则主要有隐匿、Hash 映射、排序映射、截断、局部混淆、掩码、偏移取整等。

2．匿名化算法

匿名化算法主要为了在隐私性和可用性之间达到平衡，允许根据具体情况有条件地发布部分数据或部分属性的内容，包括差分隐私、K-匿名、L-多样性等。差分隐私技术主要针对差分攻击，通过向原始数据中添加噪声（一般呈拉普拉斯分布），可以让攻击者无法准确查询数据集的结果，从而有效保护个人的隐私。K-匿名技术针对链接攻击可对用户记录中的准标识符（如性别、年龄等）进行链接得出用户信息的情况，要求每条记录在发布前都至少要和表中的 $K-1$ 条记录无法区分开，使攻击者无法唯一识别该记录的用户信息。L-多样性用于解决 K-匿名技术中无法应对同质攻击和背景知识攻击的情景，可以显著减少属性数据（与准标识符类似，用于标记对象的相关属性）的泄露。

第 6 章 市场监管大数据——明察秋毫

当前互联网和电子商务迅猛发展,诸多生产运营活动逐渐从线下转移到线上,传统的监管方式已经无法适应信息时代的发展需求。通过有针对性地利用大数据技术,丰富市场各界数据资源与诸多社会化数据服务,以此来构建大数据条件下的新型市场监管体系,有利于提升政府部门监管和服务的效能,已经成为加强市场监管现代化建设的重要手段和途径。

6.1 市场监管现状分析

市场监管是政府基本职能之一,其有效履行不仅需要充分理解市场监管的范围与职责,更需要利用当前互联网、大数据等信息技术带来的机遇和便利,推进市场经济体制的全面深化改革,解决市场经济体制中存在的诸多问题。

6.1.1 市场监管的内涵及其现代化

1. 市场监管内涵

市场监管是实行市场监管的主体对各类市场行为活动主体的行为采取的一系列限制、规范等诸多干涉活动的集合。市场监管被纳入政府部门的公共管理范围之内,由政府建立相应的市场监管执行机构,采取一定的司法措施,以及必要的行政监督与社会监督方式,针对诸多不同市场活动主体的各类经营活动实施依法管控。

政府的市场监管主要针对经济和社会领域的监管。对经济领域的监管主要指"政府行政机构在市场机制的框架内，为矫正市场失灵，基于法律对经济活动的一种干预和控制"；对社会领域的监管指"以保障劳动者和消费者的安全、健康、卫生以及保护环境、防止灾害为目的，对物品和服务的质量和伴随着提供它们而产生的各种活动制定一定的标准，或禁止、限制特定行为的规制"。政府部门采用的市场监管体制由国家市场经济发展水平、政府历史地位等多方面因素共同决定。在市场经济发达的国家，市场监管的主体主要有司法、行政执法等政府部门和行业自律组织，此外还有舆论监督和消费维权组织等。

实行市场监管的核心是严格市场主体准入行为与市场行为监管。市场主体准入的开端是审核登记。在审核登记的过程中，针对相关重点行业有必要提供一定支持，以促进行业的完善和发展，杜绝非法的投资行为，严禁违法生产经营行为。审核登记过后，还需要加强回访与巡查活动，监督市场活动主体是否存在违法经营行为，如超范围、虚假验资、抽逃出资和经营"三无"企业等。市场行为监管是指在市场准入明确以后执行相应的跟踪监督。市场行为监管需要从全局着手，研究各类市场行为的成因和与之相应的应对策略，在宏观层面建立良好的市场经济秩序。

2. 市场监管模式

市场监管模式是政府部门按照市场经济运行规律，为监督解决市场经济运行过程，市场主体、客体出现的问题，归纳出的监管类型和样式。市场监管模式一般可以分为行业自律型、政府主导型及"二者兼顾"型。

(1) 行业自律型市场监管模式

行业自律型市场监管模式注重体现市场参与者的利益，客观上实现了保障市场公平有序的目的，最具代表性的国家是美国。美国是自由市场经济国家，借助市场机制来影响市场经济运行是美国政府部门的主要手段。各类行业协会是美国市场监管的主力，数量众多且影响力大，在行业标准制定和秩序维护等方面发挥了重要作用。美国行政执法部门相对较少，且监管领域也有限，只有经济发展过程中出现某一无法有效调整且损害社会利益的行为时，美国政府才会设立专门机构进行监管。政府对市场监管宽严并济，一方面制定政策的前提是不限制正常市场竞争,充分调动市场自身调节机制的能动性;另一方面通过法律体系对市场主体的行为进行约束,并制定严厉的处罚规则对市场主体违法行为进行惩戒。

(2) 政府主导型市场监管模式

政府主导型市场监管模式注重体现为维护国家和公众利益,保障市场公平、公正、有序,日本是其中的典型代表。日本政府部门在本国的市场经济运行中有很高的参与度,市场监管体系也展现出国家政府主导的鲜明特点。日本具有较为固定的市场交易规则和流通制度,法律较完善且刚性,可操作性强,对市场秩序的调控有效。市场主体的自我约束力也较强,政府制定的法律制度能够得到顺利的实施。

(3) "二者兼顾"型市场监管模式

行业自律和政府监管相结合的"二者兼顾"型市场监管模式注重兼顾市场参与者利益与公众利益,其以政府为主导,行业组织参与市场管理,德国是其中的典型代表。德国对国家命脉行业以参股形式实施控制,避免竞争过度化。政府侧重于对宏观经济政策和市场的整体调控,行业组织侧重于对行业市场的具体管理。政府和行业的监管制度能够根据实际情况灵活制定,适应市场经济的变化。

用以上模式对照我国现状,我国的市场经济由计划经济转型而来,市场监管模式仍是政府主导型的。从监管机构和监管领域来看,我国的市场监管机构主要由宏观调控机构、综合监管部门(市场监管局)、专业监管部门(如证监会)、行业组织4部分组成,形成了"宏观调控、综合监管、专门监管、行业自律"的监管模式。

当前我国正处于经济转型和体制完善的关键时期,虽然市场监管已取得一定成效,但在市场秩序、市场环境中还存在产品服务问题多发、行业和地方不正当竞争、失信行为时有发生、公众监督缺乏等矛盾和问题,直接影响了市场机制作用的发挥、资源的优化配置和经济的健康发展。

3. 市场监管现代化

目前,我国经济体制改革不断深化和完善,经济由高速增长阶段转向高质量发展阶段,处在转变发展方式、优化经济结构、转换增长动力的攻关期。

2018年，国家市场监督管理总局正式成立，作为新建立的市场监督管理部门，其职能大大加强和完善。党的十九大做出了完善市场监管体制的决策部署，为推进市场监管现代化明确了方向。深化市场监管改革创新，努力推动市场监管现代化，是经济高质量发展的迫切需要，已经成为转变政府职能的重要内容，同时也是营造法治化、国际化、便利化营商环境的必由之路。目前来看，市场监管现代化需要从监管理念、体制机制、手段方式和监管格局等方面着手推进。

(1) 监管理念现代化

适应经济发展新常态和科技进步潮流，以实现监管效能最大化为目标，强化企业信用监管、信息监管和风险监管，实现科学高效监管。充分发挥行业协会、社会组织、媒体和公众的作用。融入绿色循环发展、低碳节能发展理念，实行市场准入负面清单制度，鼓励发展低碳经济、循环经济。坚持放活和管好相结合，构建宽松便捷的准入环境、打造安全放心的消费环境、维护公平竞争的市场环境。

(2) 体制机制现代化

完善监管体制，依法划分监管职责，健全政府部门权责清单制度，整合市场监管执法职能，推行跨部门综合执法，推进重点领域的综合执法，实现依法监管、集中执法。制定规范化的监管机制，如事前、事中、事后监管，监管工作标准化，跨部门、跨层级联合监管，信用与风险监管等新机制。

(3) 手段方式现代化

深化市场监管信息化，建设市场监管信息平台，实现政府之间、部门之间市场监管信息的互联互通，加强市场监管信息资源及时公开与共享。加强大数据监管，及时掌握市场主体经营行为、规律和特征，分析、研判市场监管风险点，对市场秩序的变化趋势进行预测分析，提高政府科学决策和风险预判能力。充分运用"互联网+市场监管"，实现非现场监管执法、在线监测，提高监管效能。

(4) 监管格局现代化

形成政府主导、行业自律、舆论监督、公众参与的监管格局，统筹构建"大服务、大监管、大安全、大质量、大党建、大保障"的六大格局。

6.1.2 大数据对市场监管的作用

在大数据时代，不再主要依赖人为主观经验做出决策，而是依靠数据的分析处理结果做出科学决策。较之以往结构化数据的限制，现今能够整合诸多类型的数据并加以利用，以提升市场监管的敏锐性，提高市场监管部门的决策水平，达到精准监管市场的目的。因此，大数据技术对市场监管的升级突破起着至关重要的作用，具体体现如下。

(1) 打破监管信息孤岛，创新破解监管难题

只有削短政府部门内部的"信息烟囱"，搭建跨部门的"信息桥梁"，才有可能摆脱"信息孤岛"的困境。也就是说，政府各部门必须齐心合作、协同办公，打通相互之间的异构数据库，增强数据共享程度，才能最终实现对海量多源数据的整合分析处理，进而在数据挖掘后发现国家经济宏观运行规律与趋势。商事制度改革聚焦于"宽进"的同时，还提出了"严管"的要求。在事中、事后监管中聚合各类数据，综合分析处理各类市场主体的海量数据，实现对违法犯罪行为的精确抑制，填补市场监管领域的漏洞。

(2) 提升监管质量效果，提高预测预警水平

现有的监管资源已不能满足日益发展的市场经济需求。收集市场主体内部的海量数据，并通过对数据的分析处理结果来掌握多方面的真实状况，已成为必然趋势。此外，收集与市场主体相关的其他外部数据，综合各方数据来分析市场主体活动的特点，能够作为重点监管领域的"定位仪"，使市场监管更加高效精准。同时，应能够预测、预警市场经济风险，有针对性地提前部署重点领域监管。

(3) 善用消费维权信息，保障消费者权益

消费者的投诉数据与相应商户的解决方案数据，可以比较全面地折射出市场的微观情况，在整合多元数据并进行挖掘与分析后，可以结合具体的产品、商家、行业发展情况及国家宏观经济趋势，为市场监管部门开展监管活动提供保障。诸多极具价值的数据持续汇聚到12315中心，在分析总结此类数据之后能够发现市场消费规律，对于增强维权意识、提升维权能力有着正面意义。

(4) 强化企业信用约束，强化服务职能

目前，涵盖各省市的企业信息公示系统已在全国初步构建完善。借助分

析企业信用关联数据得出的结论，可以使市场监管更具效率，使其能够准确识别经营状况不佳或接受过处罚的企业，从而对其实施重点监管。多个省市相继建立完善了"三证合一、一照一码"制度，搭建了网上项目并联审批系统平台服务中心。若使用大数据技术进一步促进政府部门行政管理流程的重塑升级，就可为企业及群众办事提供方便，达到"一表申请、一窗受理、一次告知、一份证照"的目的。

6.1.3 市场监管大数据总体需求分析

1. 国家需求

依据《国务院关于印发促进大数据发展行动纲要的通知》（国发〔2015〕50号）和《国务院办公厅关于运用大数据加强对市场主体服务和监管的若干意见》（国办发〔2015〕51号）所传达的精神，我国在综合应用市场监管过程中，要充分考虑运用大数据技术来创新市场监管模式。

为提升市场监管服务水平，需要对大数据技术和市场监管业务有融合认知，主动了解各个地区、各种行业、各类企业的共同与个性化需要，以达到在检验检测、认证认可及知识产权等诸多方面进行针对性、差异化服务的目标，实现推进企业可持续发展的战略方针。同时要抓紧构建完善统一社会信用代码制度，并且严格落实"三证合一、一照一码"等登记制度改革，加快推进政府监管流程的重塑升级。

国家层面需要做出顶层设计、统筹规划，将市场监管内部的业务数据、跨部门数据、互联网数据等整合汇聚于市场监管大数据平台，从而全方位地掌握市场经济主体态势，构建立体化的市场经济主体数据资源视图。要对数据收集模式进行系列创新突破，依赖互联网平台、企业管理系统及数据服务提供商等多渠道收集市场主体的数据资源，从而构建相应的大数据分析处理模型，并挖掘相关分析处理结论，实现市场监管系统的多元化数据收集能力的提高，延伸市场监管数据的价值链。

2. 代表性省级需求（以江苏省为例）

江苏省政府于2016年8月19日出台《江苏省大数据发展行动计划》（以

下简称《计划》)。《计划》点明要将任务目标细分，使重点难点工作凸显，同时在大数据技术的应用上狠下功夫，推动政府的数据聚合及共享开发程度，为江苏省大数据产业发展添砖加瓦。

《计划》在指导思想中要求培养大数据产业发展新型模式，对各类大数据应用进行规范，为构建"智慧江苏"提供支持，持续提高政府监管部门在市场监管等诸多方面的监管能力。

在发展目标中要求丰富大数据示范应用，对大数据技术进行充分利用，以此来增强针对市场经济运行情况的监控、分析与预警，充分提高政府宏观调控能力，促进产业健康发展。

在实施重点工程、推广典型应用中要求构建完善的公共信用信息系统平台，并将整个社会囊括在内，对信用数据的收集质量要进一步提高，对信用数据与产品的全面普及应用要进一步大力推动，促进政府部门行政效率的提高，逐步构建以信用为中心的、完善的新型市场监管模式。

在加快数据共享开放方面，要着重提升政府治理能力，构建完善的行政许可审批数据、工商登记数据以及企业年度报告数据等诸多其他数据的互通共享机制。借助市场监管信息系统平台，实现市场经济主体数据互通共享的目标。要借助江苏省企业信用信息公示系统平台与江苏省公共信用信息系统平台，进一步推动市场经济主体数据公开公示。

此外，要开展江苏省市场监管大数据综合应用建设，基于江苏省市场监管部门掌握的市场监管大数据，以加强市场监管和优化公共服务、提升社会治理能力为目标，探索基于大数据技术的事前、事中、事后监管机制，创新市场经营交易行为监管方式，建立营商环境指数、竞争环境指数和消费环境指数组成的市场监管大数据指数体系，提出大数据监管模型，进行关联分析和综合研判，实现精准监管，构建符合大数据特点和行业特征的公共服务平台，有效提供维护公共安全、社会协同共治和服务民生等领域的应用服务，全面提升江苏省社会综合治理能力、提高经济社会运行效率。

6.2 市场监管大数据的发展

当前，许多国家都认识到大数据对市场监管领域的重要作用，纷纷开发利用大数据加强监管，将之视为充实新时期政府监管的重要手段和实施国家大数据战略的重要途径。

6.2.1 国外市场监管大数据的发展

1. 美国

2012年，美国将大数据应用上升为国家战略，提出"大数据研究和发展倡议"。美国各行业协会、政府部门及企业形成了各具特色的专业化数据库，极大地便利了信用信息的收集和分析。美国各行各业都出现了同业信用信息交流协会，各自建立的数据库为强化市场监管和把握市场形势奠定了坚实的基础。2013年3月，美国公布了"大数据研发计划"，其目的是期望政府机构积极运用大数据，使市场监管的数据基础和地位得到不断巩固，帮助政府实现智能决策，奠定大数据政府时代的基础。此外，美国联邦机构和非联邦机构等公共部门为积极制定和应用大数据战略，也做出了不少努力。

美国高速公路交通安全管理局(NHTSA)、海岸警卫队、食品药品监督管理局(FDA)、环保署、农业部(USDA)等联邦政府部门联合不同管辖区共建了Recalls.gov"一站式"产品召回网站，为公众查找召回产品信息及对行业进行监管提供了便利，向公众集中提供机动车、消费者产品、食物、化妆品、药品和环保产品等多类产品的召回信息。

美国社会保障局(SSA)使用大数据分析大批非结构化伤残索赔数据，能够更高效地处理预期诊断和医学分类，重新塑造决策过程，更好地辨认可疑的不实索赔。

美国联邦住房管理局(FHA)运用大数据分析管理正向现金流基金，辅助预测偿还率、违约率和索赔率，并利用大数据技术构建现金流模型，以确定用于维持正向现金流所需的保费。

美国证券交易委员会(SEC)运用大数据方法监督金融市场的活动，通过网络分析和自然语言处理技术辅助辨别违规交易活动。

美国联邦贸易委员会(FTC)针对数据经纪商进行立法。数据经纪商是美国数据交易服务的主要提供者。针对出售市场营销产品的数据经纪商，FTC要求数据经纪商容许消费者对其数据进行合理限度内的访问；针对出售降低风险产品的数据经纪商，FTC建议立法保障消费者的知情权。此外，FTC建议通过立法要求数据经纪商在特定情况下提供人员搜查产品。

美国食品药品监督管理局(FDA)在多个测试实验室部署了覆盖全国各地的大数据平台，为研究食源性疾病模式提供了便利，能让FDA更迅速地对进入食品供应链的受污染产品做出响应。

2．欧盟

欧盟提出基于充分挖掘各政府部门公共信息资源的"欧盟开放数据战略"，核心是开放数据，以透明治理为引擎，加大在数据门户网站、数据处理技术和科研数据基础设施3方面的投入力度，为使欧洲企业和居民能自由获取欧盟公共管理部门数据提供便利，建立聚集不同成员国和欧洲机构数据的"泛欧门户"。

2015年5月，为冲破欧盟境内的数字市场壁垒，欧盟委员会颁布了"数字化单一市场(Digital Single Market)战略"规划，目标包括为个人和企业提供更好的服务和数字产品，创造有利于数字网络和服务发展的环境，以及实现数字经济增长潜力的最大化。

欧洲监管局联合委员会(JCESA)由欧洲证券与欧洲银行管理局、市场管理局和欧洲保险及企业年金管理局联合成立，其在"2016年工作计划"中提到，将优先处理消费保护问题，调查以大数据为背景的金融创新。

3．日本

2014年8月，日本决定每月公布的月度经济报告中将利用大数据作为新的经济判断指标，并基于网络用户在推特网站上所发的动态及搜索产品和服务的情况解释实时消费趋势。

6.2.2　国内市场监管大数据的发展

1．发展现状

我国近年来在市场监管信息化建设领域成就斐然，为市场监管部门实施市场监管职责、强化商事改革制度等提供了强有力的技术手段和支撑保障。

2013年，原国家工商行政管理总局与某数据研究所基于工商全量数据，采用11个对市场宏观经济具备显著先行性的指标，利用大数据分析处理技术合成构建了企业发展指数，为经济管理发展提供了科学、定量和可视化的决策依据，先行感应经济指数走势，有效预测了财政和GDP发展趋势，得到国务院主要领导的肯定。

我国于2015年6月发布"法人和其他组织统一社会信用代码制度建设总体方案"，提出采取"预赋码段、实时赋码、及时回传"的赋码方式，由管理部门赋予企业统一代码，向社会公开，形成社会信用代码数据库，并与其他部门共享。原国家工商行政管理总局从2015年开始启动运用大数据技术加强试点县(市、区)的市场主体监管，在深入研究市场主体数据以及诸多互联网上的数据后，数据公司每月月底向原国家工商行政管理总局提交试点县(市、区)市场监管和扶持小微企业发展方面的月度分析报告。

国务院办公厅于2015年6月发布了《关于运用大数据加强对市场主体服务和监管的若干意见》，其中明确提出了"充分运用大数据先进理念、技术和资源，加强对市场主体的服务和监管，推进简政放权和政府职能转变，提高政府治理能力"的要求。2016年，原国家工商行政管理总局审议通过《工商行政管理信息化发展"十三五"规划》，并指出要构建"大监管共治、大系统融合、大数据慧治、大服务惠民、大平台支撑"的工商信息化创新格局。2016年7月，原国家工商行政管理总局正式开始使用全国网络监管软件平台，借助最新信息技术抓取网络市场主体相关数据，已做出有益的探索和尝试。2016年9月，原国家工商行政管理总局在江苏省昆山市召开了运用大数据加强市场监管试点工作座谈会，布置了10个方面的试点任务，并于当月下发的《关于新形势下推进监管方式改革创新的意见》中提出了依托大数据支撑监管的总体要求。国家企业信用信息公示系统平台于2016年年底上线使用，信用公示成为社会各界关注的焦点。

国务院于2017年1月12日出台《"十三五"市场监管规划》，对市场监管部门提出了市场监管现代化的要求，并要以市场监管信息化持续推进，同时还要利用大数据、云计算等新兴技术，在"互联网+"背景下，减少市场监管成本，提升市场监管效率，共同实现市场监管重整，实现智慧化、精准化的市场监管。

除了国家层面的规划和建设外，各省市也都相继出台了运用大数据加强市场监管的规划，同时在市场监管大数据建设方面也在不遗余力地探索和发展。

原江苏省工商行政管理局于 2016 年 10 月建立大数据工作组，旨在进一步建设完善市场监管和服务大数据中心，在数据仓库基础上构建内外部数据分析处理系统平台，目前基于工商业务和政务数据的内部分析处理系统平台已开始使用。江苏省于 2017 年 3 月公布消费环境指数，5 月公布竞争环境指数，7 月公布准入环境指数，三大指数均处于全国前列。南京市市场监督管理局利用大数据分析平台开展企业生命周期研究，创建了企业生命周期评定模型，给出了科学的研判、前瞻性的分析和趋势预测。

重庆市借助大数据资源的帮助，针对监测预警开展注册登记机制的尝试，以求实现减少虚假注册、非法集资等诸多违法行为的目标，并进一步汇聚融合法人数据库与地理数据库，搭建市场主体分类监管系统平台。

山西省借助大数据、云计算等信息技术，建立了中小企业产业信息大数据应用服务系统平台，实现了为全省中小企业提供基础性情报信息，并可以根据企业的不同需求提供个性化定制情报。

浙江省宁波市应用大数据收集技术及图像识别技术，实现了智能化监管互联网订餐系统平台的目标商户，成功研制了"网络订餐监控大数据抓取分析监管系统"。

上海市企业名称网上自主申报系统于 2018 年 1 月 31 日正式上线，该系统借助大数据分析检索技术，将计算机比对功能进行了重塑升级，企业准入实现了全程"零见面"。

2．存在的问题

目前市场监督管理职能正在进一步转型，如何最大限度地降低成本，引入和运用大数据技术与管理方法，采用大数据监管理念来建立市场监管大数据综合应用系统，已成为摆在市场监管部门面前既现实而又重大的一项课题。当前市场监管大数据虽然起步顺利，但还存在以下矛盾和问题。

(1) 大数据监管模式尚不完善

针对网络交易市场的监管工作，市场监管部门最近几年在持续增加资源投入，逐步建设完善网络交易市场监管系统平台，同时多次组织召开"红盾网剑"等一系列面向网络交易市场的专项活动，在一定程度上规范了网络交易市场，获得了可喜的成效。但也应注意到，要构建可持续的市场监管新模式，还有诸多待解决的问题需要继续探讨。譬如，网络商品交易市场监管系统平台虽然收集了大量的网络主体数据，建立了大数据监管的数据基础，但在实际大数据监管当中，单纯依靠这类僵硬的数据并不是科学合理的做法。此外，动态虚拟是网络交易市场的一大重要特征，由于网络交易市场广域性及虚拟性的存在，实际的市场监管有其现实复杂性，市场监管者在面对大量数据的同时，还要对数据做出合理检索及分析处理，这就对数据分析处理技术提出了更高要求。

(2) 各部门间存在数据壁垒

针对市场经济主体的监管涵盖了市场监管、通信、公安、税务等诸多政府部门，部门之间存在的数据壁垒是实现信息化市场监管必须解决的一大难题。目前，各级政府均在主动完善大数据背景下的联合监管新型模式，但是还存在需要改革的内容十分广泛、各个部门涉及的利益极为纷杂、各类基础设施尚未完全建成、相关技术应用方法尚不成熟等诸多问题。政府各部门之间的数据互通尚未实现，政府各部门仍旧各自为政，不能实现海量监管数据的整合汇聚，阻碍了数据的共享开放，限制了大数据应用的效果。

(3) 数据覆盖面深度和广度不足

一般来说，数据采集若想全面覆盖市场，就需要部署大规模的服务器集群设备。政府部门受到资金预算的约束，如资金规模只能部署几台数据服务器，导致难以对所有信息进行全面采集，数据覆盖面不够。此外，对监管目标情况了解不深入是现今市场监管部门亟须解决的重要问题，这往往导致被动监管，造成只能在事后进行监管，做不到事前预防，出现监管死角。

3. 面临的挑战

传统市场监管模式在大数据时代背景下会得到全面的重塑升级，在区域管辖方面将产生诸多突破，数据的精准性将成为市场监管的重心，政府各监管部门的数据共享开放将成为必然趋势。但纵观当前国内外发展情况，市场监管大数据应用还存在以下难题，亟须突破解决。

(1) 大数据监管缺失工作法理

国家及部分省级部门虽然提出了各类大数据监管的理念和要求,但在目前的法律法规体系中,在大数据监管的法律支撑、制度规范、信息保密等方面仍然存在空白。

(2) 数据质量治理有待提高

企业报送的年报数据量少,不能有效反映其经营状况,且真实性存在一定问题,造成了政府部门在实施年报分析时数据质量不高,只有部分数据可以采用,其他数据只能用作一般性分析。

(3) 大数据分析欠缺有效手段

监管部门主要通过查询数据来监管市场经营交易情况,而查询海量数据的速度通常较慢,难以快速治理通过信息传播的事件。同时,现有系统平台不能通过异常企业经营行为或群体性行为的分析,预测、预防潜在的危害行业市场的行为。

(4) 大数据应用缺乏广度和深度

目前,市场监管的业务平台上下级数据没有有效流通,数据收集也仅局限于市场主体登记信息和日常监管数据,并未整合、分析处理及运用数据,在政府部门做出决策、监管部门进行监管时尚未起到应有的作用。此外,大数据监管中将产生大量企业信用数据,但目前信用数据的应用领域不多,广度和深度都有待提高。

(5) 大数据安全需要加强重视

来源于多方面的数据汇聚于大数据平台,导致传统的数据安全保护方法已无法满足数据风险防范的需求。因此,必须进一步建立完善数据治理机制,探索制定市场监管大数据信息安全规范,以实现数据的收集、传输、存储、分析处理等流程的科学规范管理,确定市场经济主体数据的公示和保护在大数据时代背景下的新思路。公司及消费者个人数据隐私保护问题也应得到充分重视,滥用大数据及泄露用户个人数据隐私等违法行为必须得到严格管理与惩罚。

6.3 市场监管大数据体系

建设市场监管大数据体系及综合应用,需要结合市场监管的总体需求和业务需求，基于工商行政管理业务数据、电子商务和互联网等多种异构数据源，分析市场监管信息化的现状，探索能够适应市场监管大数据的体系模型，提出共性支撑体系，构建应用服务体系，探索安全体系和管理保障体系。市场监管大数据应及时掌握市场主体相关信息，如基本信息、经营信息和特征，加强对市场违规行为的识别和纠正，提高市场主体风险的预测预警，分析市场发展趋势，提高科学决策能力，加强对市场主体的全程监管，以保障市场监管大数据的可持续发展。

6.3.1 系统体系

根据国务院办公厅发布的《关于运用大数据加强对市场主体服务和监管的若干意见》，需要构建针对市场监管大数据的标准化体系制度，出台基础标准、技术标准、应用标准及管理标准等，其中，基础标准、技术标准和应用标准是构建以信用为核心的新型市场监管体制的前提和基础。因此，市场监管大数据的系统体系，应针对市场监管大数据进行标准化顶层设计，逐步完善相关的标准规范，形成全域覆盖、规范细致的系统体系，把数据"管"好、"用"好。

1. 市场监管大数据的参考架构

建设囊括市场监管所有过程及产品生命周期的数据链是市场监管大数据的目标，图6-1展现了市场监管大数据的参考架构。

数据收集与集成层是实现市场监管各环节数据的收集与集成的关键环节，能够连接现有信息系统的数据，包括工商行政管理信息系统、日常办公系统、12315维权系统、财务管理信息系统、电子营业执照系统、企业信用信息公示系统、移动监管与办公平台、企业注册登记并联审批平台等。数据源囊括了与市场监管相关的业务数据，主要包括市场监管系统积累的海量市场主体数据、人员数据、信用数据、监管数据及案件数据等。其他政府部门数据指其他政府监管部门的相关数据，包括商品数据、税务数据、审计数据等。外部数据主要包含与市场主体活动关联的外部网络数据。

市场监管大数据的核心环节便是数据处理和分析及数据管理，其主要目标是实现市场监管大数据面向监管执法过程的精准化管理及智能化服务。

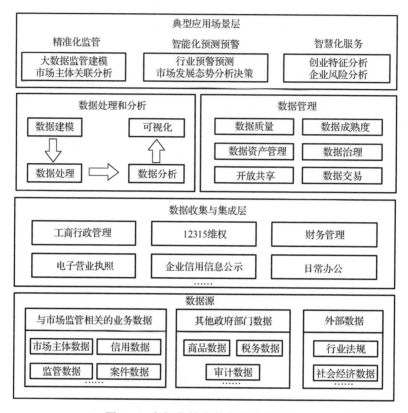

图 6-1 市场监管大数据的参考架构

依赖数据处理和分析的结果,应用场景层能够实现可视化及决策支持等不同类型的应用,进而实现精准化监管、智能化预测预警及智慧化服务等业务,并以规范的形式将数据的处理和分析结果存储起来,从而构建完善的从市场主体层级到行政监管层级、政府调控层级、产业链企业层级的共同监管。

2．数据标准体系

在参考架构的基础上,依靠针对数据的全面管理及数据标准化特点进一步推进大数据应用发展,建设了如图 6-2 所示的市场监管大数据的数据标准体系。

基础标准、数据处理标准、数据管理标准和应用平台标准四大部分组成了市场监管大数据的数据标准体系。

第6章 市场监管大数据——明察秋毫

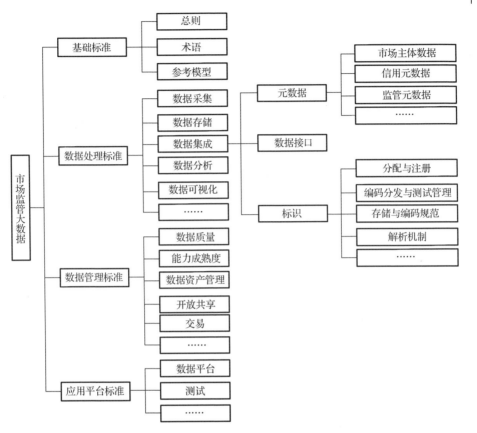

图 6-2 市场监管大数据的数据标准体系

(1) 基础标准

数据标准体系中，诸如参考模型、术语等标准由基础标准提供。市场监管大数据中的常用术语由术语标准进行规范，基础架构和研究范围由参考模型提供。

(2) 数据处理标准

市场监管大数据的数据处理和分析技术是该类标准的主要规范目标。数据处理标准囊括了数据采集标准、数据存储标准、数据集成标准、数据分析标准、数据可视化标准。数据采集规范、数据字典等标准属于数据采集标准，以此来确定多系统数据采集的规范。关系型数据存储标准及非结构化数据存储标准等属于数据存储标准。运用元数据定义通用实体的数据内容及格式，数据集成标准可以解决市场经济主体全生命周期数据共享开放的难题。数据建模技术、通用分析算法、市场监管领域专用算法的规范囊括在数据分析标准中。对市场监管数据处理和分析过程中所采用的数据用可视化工具进行规范，是数据可视化标准需完成的任务。

(3) 数据管理标准

该类标准主要对市场监管大数据的数据管理相关技术进行规范，包括市场监管大数据的数据质量、能力成熟度、数据资产管理等的标准。制定相关的指标及规格参数来确保市场监管数据质量，是数据质量标准的主要任务，为海量数据在产生、存储及应用等诸多环节的质量提供保障。为市场监管数据过程能力的改进框架明确规范内容是能力成熟度标准的主要内容。数据资产管理则囊括了管理数据架构、管理数据操作、数据安全等标准，明确了针对市场监管数据的实施规范，对数据资产在使用过程中进行恰当的认证、授权、访问和审计规范，监管对隐私性和机密性的要求，确保数据资产的完整性和安全性。

(4) 应用平台标准

应用平台标准包含了数据平台标准和测试标准，针对市场监管数据应用系统平台的应用及实施。其中，关于数据的存储及处理分析系统是数据平台标准的主要规范对象，对其从技术架构、建设方案、平台接口及日常管理维护等多方面进行了规范。测试标准针对数据平台给出测试方法和相关规范。

6.3.2 共性支撑体系

建立基于市场监管大数据的共性支撑体系，要突破市场监管领域中各类大数据关键模型和分析手段，形成技术先进、种类完备的共性支撑体系，构建市场监管大数据应用服务体系。

1. 市场大数据监管模型

构建各类市场大数据监管模型，建立针对市场主体、区域和行业的关联分析研判模型，实现精准监管、构建符合大数据特点和行业特征的公共服务平台，全面提升政府综合治理能力、提高经济社会运行效率。

(1) 市场主体评级分类模型

通过对市场主体大数据仓库的挖掘，建立评级分类模型，可实现对市场主体的差异化监管和服务。通过挖掘历史数据与主体之间的关联性，可以找到准确评价主体和个人完整性的评价指标体系和科学方法，预测主体非法经营的可能性。

(2) 行业前景预测模型

行业前景预测模型是指将各类宏观经济数据与市场经济主体大数据进行整合后并分析处理，借此挖掘行业前景的发展趋势、先行指标等。

(3) 用户文本分析模型

用户文本分析模型是指在数据系统平台上为社会民众提供参与渠道，获取基于民众的文本数据及市场经济主体经营数据，分析消费趋势和产品需求，为市场主体提供改进方向。

2. 数据分析研判与决策支持

基于市场大数据监管模型，探索大数据辅助决策支持方法，进行市场监管区域发展态势分析、去产能行业分析、重点区域监管分析、激增急降行业预测分析等，改善针对市场经济运行的传统监管及风险预测机制，从而使政府部门的决策和风险预判更加精准有效。

(1) 辅助决策支持方法

市场监管大数据中各类实体信息都具有典型的时空特征，不同时间、不同区域的市场主体在经济活动中具有显著的差异性，可为市场监管提供"单要素÷多要素""静态+动态""统计+地图"相结合的多元化决策支持分析。

(2) 市场监管区域发展态势分析

对市场主体的发展态势进行总体分析和研判，通过地区、主体类别、行业等多个维度，研判市场主体存量、新增、退出等口径的走势和特点，揭示区域经济发展特征，预测区域经济未来走势。通过对市场主体股东的投资情况和基本信息进行分析，在地图上动态展示资金的所有来源情况，多角度分析影响资金来源的因素，为政府制定招商引资政策和不断优化市场投资环境提供科学的数据支撑。

(3) 去产能行业分析

参考国务院关于"去产能"的政策，从多方面展现需要去产能行业的整体发展情况，为下一步推进专项整治、确保完成去产能任务打下基础。

(4)重点区域监管分析

通过一定标准确立一批重点企业名单,通过地图展现,直观了解某区域的重点企业分布情况,以及该企业周边配套资源分布状况,帮助了解该地区核心产业聚集程度,以及区域经济发展情况,如创业热度分布、高科技产业分布、高能耗产业分布等。根据地域特色,对不同区域设置的重点培育和重点控制产业进行监控分析,为产业结构调整提供支撑和依据。

(5)激增/急降行业预测分析

对指定时期的主体数量和资金进行比对,以矩阵图的方式展示各行业市场主体的增长情况,分析出激增(高成长)和急降(高衰退)的行业,挖掘出市场主体发展和社会发展的关联关系,进而指导市场主体的产业结构调整。通过对市场主体全寿命数据进行分析处理,挖掘出市场主体的存活和退出规律,深入展现出市场环境和市场主体生命周期之间的关联关系。

3. 市场主体可视化挖掘分析

可视化挖掘分析包括构建基于市场监管大数据的市场主体知识图谱,可视化再现市场主体各类关系;探索基于大数据的市场主体信用、活力、行为监管等分析手段;研究基于地理信息系统的市场主体可视化信息展现和分析。

(1)市场主体知识图谱分析

通过知识图谱模型展现市场主体及其股东、董监事会成员、法定代表人的网络关系,便于用户了解该主体的股东投资情况、受处罚及异常情况。若该股东为法人股东,则可继续延伸网络关系图谱,清晰展现错综复杂的关系网络。

(2)市场主体演进图

以演进图的方式生动、直观地展示市场主体的期初、新增、注销、吊销、迁入、迁出、期末等生命周期状态,从而方便对市场主体发展进行总体把控。

(3)企业信用信息分析

通过主体年报、公示信息及其他政府部门共享的信用信息来全面分析评价市场主体的信用状况,将失信违约企业、老赖股东企业、异常名录企业等列为重点监管或联合惩戒对象。

(4) 活力分析

从微观和宏观的角度展现整个市场的活力情况，通过资本增速等指标分析行业宏观活力，通过市场主体的涉税信息、社保信息等数据分析每个主体的微观活力。

(5) 异常登记行为监管

通过对登记注册行为数据的挖掘与分析，找出一段时间内登记行为异常的主体，如频繁注册与注销的股东、一段时间内频繁变更的主体、一段时间内主体增量猛增的区域等。由于异常登记行为背后很可能隐藏着骗贷、传销等可疑主体，因此找出具有异常登记行为的主体，可以帮助监管人员列出靶向整治的对象，从而达到事中监管、智慧监管的目的。

(6) 主体对外公示比对分析

通过文本抽取、文本挖掘等方法，比对企业登记章程和对外公示信息之间的差异，找出两者之间注册资本、实缴资本、股东结构、股权比例等企业重大事项的差异，自动生成预警清单，便于监管人员开展超前监管工作。

4. 基于主体关联分析的市场精准监管

市场精准监管模式主要利用市场主体投资关系关联预警、恶意违法异常行为分析、基于大数据的社会投诉热点分析、主体信用高频查询分析、主体定点搜索等技术，实现精准监管执法模式。

(1) 市场主体投资关系关联预警

搜索存在信用风险的市场主体股东投资的其他主体，或该主体作为法人股东投资的其他主体，通过碰撞评价模型，将相关主体及人员纳入高危警示名单，为市场监管提供目标对象。

(2) 恶意违法异常行为分析

综合市场主体的社保、纳税等信息，找出恶意违法的市场主体，如虚开发票的市场主体等，对相关主体及股东采取限制、锁定甚至吊销营业执照等处罚措施，对办理这些主体相关业务的公司，也进行限制锁定，切实落实联合惩戒机制，打击恶意违法对象，规范市场秩序。

(3) 基于大数据的社会投诉热点分析

通过对 12315 投诉举报、互联网反馈、企业网络行为等信息的搜索及挖掘分析，帮助监管人员及时掌握投诉热点的高发区域和走势，也可进一步定位一段时间内的投诉热词、投诉热点主体和投诉热点商品，从而提升监管精准度和效能。

(4) 主体信用高频查询分析

通过大数据技术手段，对企业公示平台中高频查询的情况，如被查询次数、高频查询者地域或时间等进行分析，将被高频查询的主体列入重点警示名单。分析出查询量较大的行业、查询量与历史情况对比增幅较大的行业等，将这些行业列为重点监管目标。

(5) 主体定点搜索

设置中心点，查询以该中心点出发一定半径内特定市场主体的情况。主体定点搜索可用来分析区域经济的分布情况，比如某创业中心周围2千米之内的软件企业分布。主体定点搜索也可用于精准监管，比如搜索某个居民小区周围5千米之内的危化企业、某个学校周围1千米之内的网吧等。

5．面向市场主体的大数据智慧服务

在现有应用中，主要强调大数据在市场监管业务管理和风险监控中的应用。如何突破面向市场主体的被动服务模式，利用市场监管大数据为市场主体提供主动信息服务具有较高的创新价值和社会价值。探索面向市场主体的大数据智慧服务，研究基于市场监管大数据的企业智能创业分析服务，研究创业特征分析，构建主体创业模型，研究主体空间聚类分析、选址风险分析等，有利于提升监管部门与市场主体之间的和谐互动。

(1) 创业特征分析

通过创业指数可分析区域或行业的创业热度；通过对创业者年龄、学历等维度的分析，可揭示创业成功或失败的特征。

(2) 选址风险分析

企业选址是大多数企业创业时最为关注的事情，对于企业的生存发展具有决定性作用。因此，可以综合考虑企业选址的地理位置、经济、人口、交通等影响因素，针对不同类型企业的选址需求，构建集成空间依赖性、经济影响、行业影响等参数的企业选址模型。以市场监管大数据中市场主体的地

理分布为基础，以地理信息系统为支撑平台，构建企业智能选址服务系统，形成市场监管大数据的大众化应用服务示范。

6.3.3 应用服务体系

市场监管大数据应用服务体系以共性支撑体系和现有市场监管系统为基础，主要探究市场监管大数据产品规划，形成丰富健全的服务体系，实现多方位信息精准监管，突破以往面向市场主体的被动服务模式，促进市场监管模式创新，提升市场监管的智能化水平。

1．在市场精准监管应用领域，服务政府管理决策

市场监管大数据可以从企业主体登记信息、日常检查获取信息、其他部门分享的数据及网络社交媒体获得的信息中获取，通过对市场主体多角度全方位的分析，研究其与宏观经济的关联和影响，同时从宏观角度分析市场现状和监管改进方向，为增强宏观调控能力和决策水平提供数据支撑。

(1) 市场主体风险管理

过去，市场主体由于数量多、信息少，存在的风险难以评估，而一些处于供应链中的主体如果发生风险会影响上下游。应建立信息公示、信息抽查和信息共享机制，建立风险评估机制，并加强协同监管，实现风险监管的全覆盖，从而提高监管大数据的风险管理能力。

(2) 市场秩序监测

市场监管大数据能够对市场主体进行全面的数据评估和监管，实时性和效率都比以前显著提高。大数据能够实时监管市场主体相关数据，及时发现违法交易行为。通过对市场交易双方资金流动情况，结合业务数据，可以对违法行为进行识别和处理；同时，加强日常检查和强化奖励机制，可以强化监管效果，降低行政成本。

2．在智能预警预测应用领域，服务产业转型升级

综合利用现有数据，加强收集相关数据，利用市场监管大数据的基础条件，借助共性支撑体系的各类技术手段，运用数据挖掘与分析技术，建立一个市场监管大数据应用平台产品。从区域经济传承、产业集群、商业生态、就业交通、人口密度等方面定量地评估市场趋势，为市场繁荣提供数据支撑，为加快经济发展，调整产业结构提供有力的支撑。

(1) 注册登记风险预警

利用共性支撑技术，针对信用低的个人和企业注册进行限制登记，对异常投资和资金流动进行分析研判，开展大数据登记风险预警，有效防止非法集资、虚假注册等行为。

(2) 市场主体大数据"画像"

通过数据收集整理，并结合 GIS 和知识图谱相关技术，建立市场主体的位置地图和经营关系网状图，建立市场主体画像，预判市场风险，提高市场监管效率。

(3) 市场主体风险点研判

利用大数据实时分析处理网络舆论媒体收集的数据和现场检查的数据，构建市场主体风险点研判服务产品，及时准确地发现风险点。

3. 在智慧服务应用领域，监测和合理引导消费市场

通过对市场违法犯罪案件的深入挖掘，促使消费者维权，处罚市场中的违法行为，一方面可以培育良好的消费环境，拉动消费增长；另一方面可引导市场主体培育和消费者维权，打造更为安全放心的消费环境。

(1) 市场消费环境分析

加强对消费指数的研究，分析消费者维权数据，建立安全、诚信、便利的消费环境，同时引导市场主体开展商品升级，以适应消费水平的上升，建立良性循环。

(2) 消费预警

根据目前消费升级的新趋势和消费模式的新发展，围绕养老健康、信息、旅游、健身、教育、文化等新的消费热点和网络市场、农村市场等重点领域，以及老年人、妇女、婴幼儿家长、学生等重点消费人群，关注重点和关键环节，利用市场监管大数据，向市场执法部门提供消费预警信息服务，有效提前遏制损害消费者权益的违法行为，促进消费市场健康发展。

4．在市场信用管理应用领域，探索"互联网+监管"新模式

以共性支撑体系为基础手段，探索违法行为线索发现和市场主体信用管理等服务，加强市场活动趋势的监察，同时对一些市场的重点环节和重点企业加强定期检查，提高监管的工作效率。

(1)违法行为线索发现

过去，市场监管模式具有地域性，市场监管大数据通过实时监控市场行为突破了地域性，让市场监管部门可以将更多的精力投入到执法过程中。利用共性支撑体系对市场主体登记纳税等数据进行分析处理，加强预警预测，改变过去人工检查分析的方法，实行预警预测和识别违法行为工作的自动化，实现精准监管执法。

(2)市场主体信用管理

对全量市场主体相关信息进行处理分析，开展对市场主体的信用进行评估和评价，误差小、效率高。研究建立市场主体信用管理产品服务，结合现有数据库的市场主体信用信息和相关政府部门数据，并实时补充由媒体更新的数据，利用可视化技术，实时呈现信用情况；根据市场规律和市场监管，建立市场主体信用评级模型，实现市场主体信用评级的自动化，并对信用异常的市场主体加强监管，实现精准监管。

6.3.4　安全体系

市场监管大数据由于价值高、涉密多，因此面临诸多安全威胁和技术挑战，安全体系的构建尤为重要。这就需要探索市场监管大数据的安全体系架构和安全标准体系，形成结构严谨、运维顺畅的安全体系。安全体系框架可为市场监管大数据安全防护提供技术保障，确保大数据安全的长效性。安全标准体系的研究为市场监管大数据安全技术和建立管理标准提供了理论支持。

1．市场监管大数据安全体系架构

针对监管大数据面临的安全威胁和技术挑战，需建立大数据运行安全、技术安全和安全过程管理等的大数据安全模型，来应对市场监管大数据实际应用过程中存在的各种复杂的安全问题，如图6-3所示。

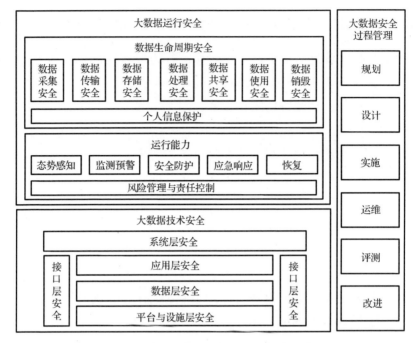

图 6-3　市场监管大数据安全体系架构

(1) 大数据运行安全

大数据运行安全主要关注整个数据寿命周期安全。大数据生命周期包括数据采集、存储、处理、使用等多环节，各个环节的安全要求不一样，需要综合设计安全规则，并根据实际情况进行安全防护。此外，由于部分信息涉及国家机密和个人敏感信息，需要加强信息使用全过程的监控，确保数据的安全可控。另外，也需要加强应急响应和容灾备份，并对运行过程进行风险评估，确保运行过程的安全。

(2) 大数据技术安全

大数据技术安全包括平台与设施层安全、数据层安全、接口层安全、应用层安全和系统层安全等。市场临管大数据技术安全分层框架如图 6-4 所示。

大数据平台与设施层是基础软/硬件的集合，主要为上层的数据存储、处理提供支撑。平台与设施层安全主要包含大数据框架、大数据软/硬件安全，如防止平台漏洞、硬件漏洞等，它是业务的支撑层，会直接影响上层业务安全。

数据层安全主要包含加密技术、融合技术、脱敏技术和溯源技术等。

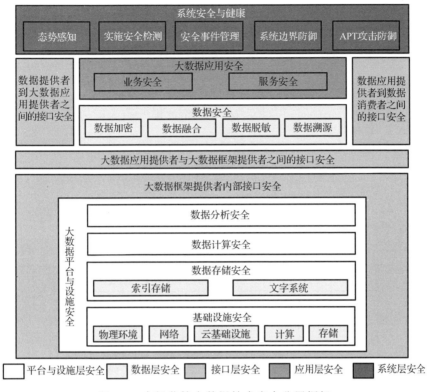

图 6-4 市场监管大数据技术安全分层框架

应用层安全主要解决业务应用的安全问题，包括身份鉴别、信息管控、业务操作规范、证书管理等。

系统层安全防护主要解决系统与其他业务交互时面临的安全问题，包括边界防护、事件管理、入侵检测、防病毒等。

(3) 大数据安全过程管理

大数据安全过程管理采用 PDCA（计划—执行—检查—处理）循环的方法，对监管大数据安全防护对象进行全寿命周期的安全防护管理，以确保安全风险得到控制。

这里将大数据安全过程管理划分为规划、设计、实施、运维、评测与改进 6 个阶段。规划阶段主要从安全管理总体角度分析可能存在的威胁和隐患、提出前瞻性和全局性的建设要求，以及确立重点建设目标和关注领域。设计阶段明确部门、系统管理员和其他参与者职责，制定安全策略。实施阶段主要采取相关安全防护措施，建立安全管理和安全防护能力。运维阶段主要涉及数据运行期间的安全防护，加强运维人员的安全防护能力，对安全软/硬件进行持续投入和更新，以确保大数据全寿命周期的安全。评测阶段主要对安全策略和安全目标进行评估，并分析安全目标和安全策略的不足。改进阶段主要针对评测阶段存在的问题调整安全策略，提升防护能力。

2．市场监管大数据安全标准体系

结合市场监管大数据安全标准需求和安全发展趋势，参照主流大数据安全标准体系，构建了由基础、平台和技术、数据安全、服务安全和应用等 5 类标准组成的市场监管大数据安全标准体系，如图 6-5 所示。

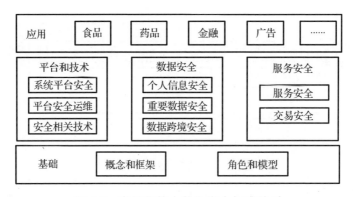

图 6-5 市场监管大数据安全标准体系

(1) 基础类标准

该类标准包括市场监管大数据安全体系中的相关概念、术语、框架等，定义市场监管大数据安全的语法、语义和规则，为制定其他安全标准奠定了理论基础。

(2) 平台和技术类标准

该类标准主要包括系统平台安全、平台安全运维和安全相关技术 3 个部分。系统平台安全主要涉及监管数据存储和处理、数据传输等层次的安全技术防护。安全运维是指系统运行、维护过程中的安全操作规范和风险管理。相关安全技术主要涉及监管数据存储、安全审计、密钥管理和数字签名等。

(3) 数据安全类标准

该类标准主要包括管理数据、市场主体数据、跨业务和部门数据等的安全标准，由于市场监管数据的特殊性，部分数据需要保密或脱密使用，应切实做好数据的分类、分级和风险评估工作。

(4) 服务安全类标准

该类标准主要针对市场监管大数据服务类公司使用监管数据提供服务时的具体安全要求、实施指南和评估方法。此外，针对监管数据交易和开放等场景，提出了相关安全标准及操作规范。

(5) 应用类标准

市场监管的部分数据涉及国家经济安全、市场主体信息安全，在开展大数据应用时要切实制定安全指南，指导大数据应用建设和运营，保障数据安全。

6.3.5 管理保障体系

推进市场监管大数据建设是国务院、国家市场监督管理总局对市场监管系统的战略部署，需要探索大数据建设过程中的各类管理法规、制度和手段，形成制度规范、持续可行的管理保障体系，以保障市场监管大数据的可持续发展。

1. 组织管理体系

(1) 组织协调

建立在市场监管部门领导下，由大数据业务处室牵头，法规、市场管理、食品药品监督、信息中心等处室或单位配合，税务、公安、科技等相关部门共同参与的联席会议制度，明确工作责任，推动市场监管大数据的应用。联席会议统筹协调并组织实施市场监管大数据战略，制定相关重大决策，建设相关重点项目，推动信息共享，定期研究解决发展中的热点、难点问题，落实市场监管大数据发展的相关政策、措施。开展市场监管大数据培训和普及工作，邀请专家和相关院校开展讲座和培训，普及大数据相关知识，推进市场监管大数据的建设和普及。

(2) 组织管理制度

加强领导，落实责任，完善措施，建立健全市场监管大数据责任制和工作机制；制定管理目标和方针，履行法律职责和持续改进市场监管大数据推进工作；提供足够的资源，以支撑和促进市场监管大数据的应用和普及；指派负责人负责管理工作，处理协调突发事件；指派相关业务科室负责大数据的安全管理工作。

2．法规制度体系

(1)市场监管大数据法规

结合公共数据共享开放的相关法规，制定市场监管大数据共享开放的细则，规范大数据采集、存储、应用，制定市场监管大数据的数据共享开放目录，并根据当地政府大数据应用实际情况，与其他政府大数据统筹管理和应用，确保数据的开放性和可控性；推进市场主体信用管理，联合政府其他部门联合惩戒市场主体失信行为；推动大数据安全立法工作，明确企业和个人应用大数据的权利和义务，规范数据使用，加强数据安全防护，确保市场监管相关数据的安全。

(2)安全制度管理

制定完整、适用、规范的市场监管大数据信息安全管理制度。信息安全管理制度应形成规范性文件，并获得省级有关部门的批准。信息安全管理制度应包括相关的记录，确保记录是可重复产生的，并对记录加以保护和控制。信息安全管理制度应定期进行评审、更新并再次批准。信息安全管理制度应通过合适的渠道进行正式发布，确保信息安全管理制度的更改和现行的状态得到标示，确保信息安全管理制度对需要的人员可用，并依照文件的类别进行传输、存储和最终销毁。

(3)大数据风险评估

对市场监管大数据综合应用平台的安全要求、需求进行识别和分析；从市场监管大数据综合应用平台的整体业务风险角度，实施和运行控制措施，以有效管理信息安全风险；建立市场监管大数据信息安全风险评估制度，明确信息安全风险评估的时机、频率、风险评估的方法，形成信息安全风险评估报告，确保风险评估产生可比较和可再现的结果；建立明确的风险接受准则，依据管理措施、资源、职责和优先顺序，制定风险处置计划，包括资金、角色、职责的分配；监测和评审风险处理措施的有效性，并进行跟踪。

(4) 信息安全教育和培训

确定从事市场监管大数据综合应用平台信息安全工作的人员具备必要的能力，提供培训或必要的措施(如聘用有能力的人员)来满足该要求，建立大数据信息安全培训制度，把信息安全教育作为工作人员上岗、业务学习的必要条件；将信息安全防护基本技能纳入工作考核范围，并作为职务聘任的重要条件；记录并保存信息安全教育培训、考核情况和结果。

3．人才保障体系

结合市场监管大数据实际，对大数据人才培育模式进行改革创新。发挥地域优势，利用学术交流和国内国际合作的机会，结合相关市场监管项目，积极培养熟悉市场监管的实用型、综合型大数据专业人才；与地方高校和研究机构合作，共同培育相关人才，支持企业和个人在市场监管领域创业；利用社会资源对市场监管工作人员进行相关培训，开展市场监管大数据的普及和推广；紧跟省级重点人才培养工程，引进和培养市场监管领域大数据方面的高端人才，加强人才创业配套政策，鼓励高层次人才创业，提高市场监管领域大数据方向的吸引力。

4．数据市场环境

(1) 营造良好氛围

在法律和政策许可的情况下，社会信用服务等机构建立市场主体信用数据库并提供相关服务；对监管大数据进行数据分级，非核心和非保密的项目可以外包给相关企业和机构，以促进相关企业和机构的发展；依托省、市大数据园区，积极促进市场监管的关键技术研发和数据服务应用，促进重大项目落地、重大应用示范建设；通过数据共享示范、树立成功典型等方式，吸引优秀企业和人才参与市场监管大数据建设。

(2) 组建数据管理公司

针对部分核心应用和保密事项，可以考虑建立国资控股公司进行专门管理，主要对市场监管中的核心应用和保密事项进行管理，对相关数据进行脱敏处理，会同其他数据开展数据增值服务，同时与社会机构、大数据公司和研究员进行项目和研究合作，促进市场监管大数据的产业发展。

(3) 培育数据交易市场

通过市场培育和引导,鼓励相关数据服务公司开展市场监管方面的产品研发和数据服务,建立市场监管数据的交易中心,明确交易流程和规范,确立交易内容和服务,加强试点和示范工程的引导作用,积极拓展市场监管大数据的服务范围,争取覆盖各环节的市场主体,发挥数据价值,服务于市场监管。

第 7 章
综合交通大数据——四通八达

伴随着国家城市化进程的加快和人民生活水平的日益提高,交通拥堵日益严重、交通事故频发等问题成为城市管理面临的严峻挑战。建设合理的交通管理体系是改善城市交通的关键所在。利用大数据等先进手段解决日益突出的交通问题,已成为政府与社会各机构研究的热点。

7.1 交通行业需求与发展现状

实时获取和准确处理交通数据是建立合理交通管理机制、构建合理城市交通管理体系的前提。综合交通大数据是现阶段解决交通问题的重要技术途径之一。

7.1.1 交通行业需求

交通行业涉及范围广、影响大,从需求对象角度可以分为 3 类用户:管理者、交通类公司和个人。

对管理者而言,解决交通拥堵和交通安全问题是其迫切需求。解决交通拥堵问题是管理者的核心需求,该问题主要是由道路容积设计不够、车辆特别是汽车数量增长过快、交通管理技术水平低下和道路使用者不文明等多个因素引起的。交通事故成因主要包括驾驶员等交通参与者行为的主观因素与车辆技术状况、道路状况及环境等客观因素。

交通类公司分为两类:传统交通公司和新型交通公司。传统交通公司主要是指传统货运公司、公交公司和出租车公司。货运公司关注的是车辆运力资源和货运信息资源的匹配。公交公司出于对履行社会责任和提高营收收入的考虑，对线路规划和车辆调度较为关注。新型交通公司，如滴滴打车，以及共享经济的产物，如共享自行车等，需要分析人流的数据流向，实现科学调度车辆。其他诸如无人车公司及其研究机构，需要特别重视交通安全问题。

对于个人而言，交通问题主要涉及实时路况和违章处理。以前获取实时路况的主要方式是通过城市交通广播，如今借助大数据，可以通过手机获取路况信息，合理规划线路。借助于大数据平台，可以通过手机应用等手段实现交通违章实时提醒。

7.1.2 交通大数据应用发展现状

2005年前后兴起的智能交通，基于当时的交通状况，以"保障安全、提高效率、改善环境、节约能源"为目标，实现了很多技术突破，取得了良好的经济效益。但是，由于智能化水平不高，各级数据结构和架构不统一，造成各级数据不能有效挖掘与使用，不能综合研判，交通数据价值不能很好地体现，难以满足越来越多的交通需求。

2008年大数据技术的出现，为解决交通问题带来了新思路。交通数据由于交通状况的实时性和复杂性，数据量大、数据结构复杂，应用大数据相关技术分析数据之间存在的关系，可获得交通数据的价值，为更好的交通管理提供技术支撑。

目前，大数据技术已经广泛应用到交通管理、交通智能化服务、交通安全等领域，并有很多较成功的应用案例。例如，高德地图与地方交管部门开展合作，结合日均3000万用户的数据及车机数据、30多万个基于高德位置服务的应用，为用户提供了交通导航服务，也为交管部门的交通管理提供了数据支持；百度公司利用大数据构建的交通迁徙图，为交通部门提供了春运全过程的可视化界面，有利于交通部门制定春运计划和监管春运过程。

从目前来看，交通大数据能够提高交通运行效率和交通安全水平，提供新的环境监测模式等，在解决交通拥堵和交通安全等问题上作用显著。

7.2 交通大数据技术

7.2.1 大数据生命周期

交通大数据的生命周期从数据角度可分为数据获取、数据存储、数据分析及数据应用4个阶段。

(1) 数据获取

数据获取包括数据收集、数据预处理、数据传递等内容。在这个阶段，通过道路监控、第三方平台汇总、用户登记等多种途径收集、汇总原始数据。由于采集的数据类型多样，需要高效的数据预处理和数据传递为数据价值的提高提供保证。具体来说，在数据传送到下个阶段前，就应经过预处理，筛选出冗余和无用的数据。数据集成、数据清洗、去冗余是数据预处理的主要手段。数据预处理后能有效节省空间并提高整体运算效率。

(2) 数据存储

交通大数据的快速发展对存储设备的规模和性能提出了更高的要求。数据存储的便捷可靠性对大数据分析起到了决定性作用。交通场景中大规模、分布式、数据密集型应用收集到海量原始数据，决定了需要使用新的方式来进行数据存储。

(3) 数据分析

大数据在经过数据收集、数据存储之后，需要进行数据分析才能获得数据背后的价值。通常情况下，交通大数据分析通过提取海量数据中潜在的、有用的内容，最大化交通数据的价值。数据分析和处理技术又细分为聚类分析、因子分析、相关分析、回归分析、数据挖掘算法及机器学习算法。与传统的数据分析不同的是，海量数据无法简单地通过上述方法进行处理，只有结合实际业务的数据特点，调整更新与之匹配的计算处理技术，才能发挥杠杆作用，从海量的数据中快速获取价值。

(4) 数据应用

作为与用户交互的阶段，数据应用高度抽象，与具体的业务密切融合。通常情况下，只有利用可视化等相关技术对数据分析结果进行呈现，并大量应用程序接口快速调用数据，才能有效地利用海量的交通大数据。

7.2.2 数据采集技术

城市交通每天都会产生大量数据，以道路交通为例，典型的数据包括道路拥堵程度，公交车、货运车辆、私家车等的实时数据，交通主干道数据和快速通道实时数据等，主要应用于交通管理，重点是拥堵治理和导航。

交通大数据主要包括静态数据和动态数据两部分。静态数据是指道路位置、车辆信息等基本不变的交通数据，可通过建设地图、车辆购买登记、实时监控等多种手段进行采集。动态数据是指在交通运行中产生的实时数据（如车辆的行驶速度、某段时间通过某一路口的汽车数量等），可通过道路监控、第三方平台数据、GPS、北斗系统等的定位数据来获取。

目前，全国在道路监控上不断投入，据监控行业报告显示，"十三五"期间交通道路监控设备总量会继续保持增长势头，预计达到20%的增速。

7.2.3 数据存储技术

传统的关系型数据库已经无法处理结构日益复杂、数量与日俱增的交通数据。为此，近年来业界已开展了很多技术尝试，比如应用OLTP数据库（具备高并发、短事务等特点）、采用云服务器存储等。数据存储技术的发展为交通数据的存储带来了新思路。

一般来说，对交通大数据有以下3种典型的存储技术。

一是采用MPP架构的新型数据库集群。通过MPP架构高效的分布式计算模型，利用低成本的服务器实现存储，再结合相关的大数据处理技术，具备成本低、性能高和易拓展等特点。

二是应用Hadoop技术的分布式数据库。由于Hadoop开源，可以针对交通大数据应用场景添加不同的组件，通过封装后能够存储复杂数据，通用性较强，如图7-1所示。

三是大数据一体机。这是一种集成操作系统、存储设备、处理软件、数据库系统等诸多软/硬件的系统。由于其软/硬件基本固定，拓展性不强，所以在交通大数据应用场景中的表现没有第一种和第二种效果好。

从以上3种存储技术可以看出，集群化、分布化存储的效果比一体机的存储效果好。实际中，基于 Hadoop 的 NoSQL 在交通数据存储中应用较为普遍。NoSQL 基于数据一致性策略(一致性、可用性和分区容错率)，采用范围分区、列表分区、哈希分区等多种方式将海量数据进行分区处理，改善了交通数据的可管理性；采用服务器备份、远程等备份策略对重要数据进行备份，确保了数据安全；针对不同的数据类型，采用键值存储、列存储、文档存储和图形存储等多种不同的形式进行存储；常见的工具包括 Redis、Bigtable、CouchDB 等。

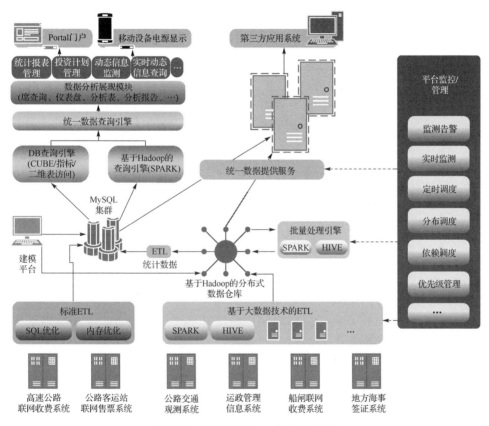

图 7-1 交通 Hadoop 大数据架构

7.2.4 数据挖掘与分析技术

数据挖掘与分析技术将传统的数据分析方法与高性能大数据算法相结合，具备预测建模、关联分析和聚类分析等功能。传统数据分析技术的数据处理能力有限,对 TB 或 PB 级数据力不从心。新的解决方案,如基于 Hadoop 的 Mahout,结合传统的方法,使用分布式处理等形式,能够有效地分析 PB 级数据。

下面结合交通领域的应用,从以下几个方面介绍数据挖掘与分析技术的实际运用。

(1) 车牌识别技术

车牌识别技术是指通过道路监控设备实时提取车牌信息,分辨出英语、汉语及车牌颜色等诸多车牌信息,在交通领域应用广泛。

车牌识别技术应用图像处理、计算机视觉、机器学习等技术,只要读取道路监控的一帧图像,就能够分析出高速行驶车辆的车牌信息,与其他业务融合,可以实现违章取证、流量控制等功能,有利于实现交通管理自动化,维护交通安全。

在"潜行追踪"节目中,可以看到车牌识别系统在美国高速公路、市内交通管理中有大量运用,当嫌疑人车辆经过时,这套系统快速识别,并将结果反馈到指挥中心。交通违章取证一直是难题,伴随车牌识别技术的普及,多次交通违章的车辆可被快速取证和定位,这也是近几年多次违章车辆被纷纷披露的原因。

(2) 车辆关联技术

在车牌识别技术与监控摄像系统结合的基础上,对收集的数据进行分析处理,可高效便捷地实现车辆出入管理、自动放行等车辆关联技术。

目前,很多小区车辆控制系统通过安装在小区出入口的车辆识别系统识别车辆信息,并与杠杆机构协调操作,自动管理车辆的进出。停车场也借鉴这一思路,采取车辆与缴费卡绑定,自动出卡,自动收费,大大节约了人力成本,提高了通行效率。车辆较多的单位或公司借鉴这一思路可以科学管理车辆,合理调度车辆,并为车辆维护保养和车辆全寿命管理提供数据支撑。

高速公路通过 ETC 技术,也实现了车辆信息的关联。具体来说,车主通过办理 ETC 卡,并与车辆绑定,在经过缴费站时,ETC 系统就能通过射频技术快速识别车辆信息,通过收费口时间由原来的 15 秒缩短至 2 秒,大大提高了通行效率,同时避免了车辆的停止和启动,减少了环境污染。

(3) 交通流量估计技术

在过去,交通流量基本依靠交通执法人员人工判断,不能准确有效地交互各个路段的交通信息。在车流高峰时段，道路就很容易发生堵车，通行效率得不到保障。

交通大数据通过对道路，特别是十字路口、主干道的全程视频监控，并结合车牌识别系统得出车辆过去的轨迹，通过计算可以预测未来一段时间的车流情况。通过交通引流等方式合理调整车流，可以避免堵车现象的发生。

(4) 未系安全带检测技术

车上人员未系安全带在交通事故中易发生次生伤害，交警部门对此大力查处，但耗费人力多，效果也不明显。随着高清监控摄像头的普及和大数据技术的快速发展，现在可以使用程序通过监控拍到的图像快速检测识别这种现象。实践证明，这一技术不仅处理速度快，而且准确率高。通过大量采用此项技术，未系安全带可被及时发现，由此引发的事故大大减少。

(5) 交通拥堵和事故高发地段预测技术

交通信息的快速交互与处理能够有效地避免交通拥堵现象。在交通大数据系统中，城市交通状况实时呈现，给交管部门决策提供帮助。可以通过车辆历史轨迹分析流向，进而判断一段时间后的交通状况。而各类交通事故可以通过摄像头和报警电话快速处理，有效避免了因交通事故造成的交通拥堵现象。通过对历史交通事故地点和原因的分析，可以在事故高发路段使用悬挂警示牌、改进交通设施等方式减少交通事故的发生。

交通导航可以根据当前车辆目的地和道路流量情况规划出最佳路径，同时可以考虑与交管平台合作，合理分流，有效避免交通拥堵的发生。

(6) 违法犯罪事件侦查技术

交通大数据的运用同样给超速、违章、肇事等违法犯罪行为的监管提供了新的解决途径。

交通监控设施在交通领域大量使用，任何车辆在道路上行驶都会被监控。大数据可以从这些海量的监控数据中通过相关算法分析出肇事车辆、违章车辆等。目前，全国的交通数据已实现互联互通，任何人在任何地点违章、肇事，全国交通平台都会响应。甚至，犯罪活动中的车辆信息已成为公安部门破案的重要突破口。例如，在广东发生的一起金店盗窃案中，嫌疑人驾驶摩托车这种特征不明显的车辆依然会被平台识别并发出警报信息。交通大数据平台能够 24 小时不间断工作,极大地减轻了交管部门的工作压力,提高了对交通违法及犯罪的打击力度。

7.3 交通大数据综合应用

在交通场景中,大数据能够有效地获取、存储、分析交通数据,并与使用者交互,为交通大数据的综合应用奠定了基础。

7.3.1 大数据平台

结合不断发展的大数据技术和交通管理系统的业务需求,大数据应用于交通领域的实例不断增多,有的是依照实施业务逻辑,将业务数据可视化,指导决策;有的是收集交通数据,挖掘分析数据关联,预测未来趋势。下面选取部分国内交通大数据平台进行简单介绍。

(1)出行云平台

出行云平台是由交通运输部采用政企合作模式建设的、基于公共云服务的综合交通出行服务数据开放、管理与应用平台,如图 7-2 所示。该平台能够提供包含公交车、出租车等的实时信息和城市道路、高速公路等的路网信息,给企业开展个性化服务提供数据支撑,给交通管理者提供路网管理、春运管理、公交管理等决策服务。

该平台针对的对象广、受众多,各级交通部门、互联网企业、开发机构及其他机构或公司都可注册。该平台采取多种形式的接口服务,如 LBS、导航 SDK 等,开发者能够根据自身服务对象开发形式多样的应用,目前能够在安卓、iOS 和 Web 端开发。此外,该平台还与高校和研究机构合作建立了出行云数据实验室,建设交通数据分析模型,为科研机构和高校打造数据分析环境。

(2)公安部交通安全综合服务管理平台

交通安全综合服务管理平台是公安部交通管理局为了更好地服务群众,加强交通管理,采用大数据技术建设的综合服务管理平台,如图 7-3 所示。该平台提供机动车、驾驶证、违法处理等三大类服务,用户可登录网站进行新车注册登记预约车牌、二手车转移登记预选车牌、补领机动车行驶证、补换证、延期审验、考试预约、电子监控违法处理、缴纳罚款等 27 种业务。

第 7 章　综合交通大数据——四通八达

图 7-2　出行云平台

交通大数据平台在为用户带来便捷的同时，也获取了海量、真实的数据。深入挖掘分析交通大数据，可以发现其潜在价值，找到隐藏在数据背后的客观规律，为交通管理与交通建设规划提供科学指导和技术支撑。

图 7-3　公安部交通安全综合服务管理平台

7.3.2　大数据交通管理

大数据交通管理是运用大数据技术，从改善交通系统的基本需求出发，通过对交通系统基本特征和规律的理解和把握，调整并优化交通需求，充分利用交通供给(包括时间和空间资源)，最大限度地实现交通系统的基本功能。

大数据交通管理包括以下 4 个方面：①提高交通设施利用效率——交通系统管理；②调整优化交通需求——交通需求管理；③动态协调供需关系——非常态交通管理及其他管理对策；④交通法规及通行环境保障——交通执法与秩序管理。一般而言，大数据交通管理涵盖常态交通管理(交通执法与秩序管理、交通系统管理、交通需求管理等)和非常态交通管理(如大型活动、道路施工、自然灾害、交通事故等情况下的交通管理)。

(1)交通系统管理

交通系统管理着眼于解决交通管理中道路使用者、车辆、道路交通资源与交通管理控制措施之间的矛盾，对缓解城市交通问题发挥着重要作用。发达国家不断探索交通组织优化管理、特殊车道管理、优先通行管理、接入管理等因地制宜、多样化、动态化、智能化的交通系统管理模式，在数字化、信息化的背景下，运用大数据技术构建高度综合的交通系统管理平台，自动采集道路交通的实时数据并生成管理方案，以实现实时、精确、动态管理。目前，大数据技术在交通系统管理中重点解决交通组织优化和车辆优先两方面的问题。

交通组织优化是指在有限的道路空间中，综合运用交通工程、交通流向限制、优先通行等管理措施，科学合理地分时、分路、分车型、分流向使用道路，使道路交通始终处于有序、高效的运行状态。以前通常使用信号灯、人工指挥等方式来实现交通引流，交通组织效果不好。通过对全路段的车流监控，运用大数据来控制信号灯、管理多功能路段等，可以有效地提高交通组织能力。例如，杭州"城市大脑"将 128 个路口信号灯与交通数据相连，一年来试点区域的通行时间减少了 15.3%。

车辆优先主要包括公交优先和其他车辆优先。公交优先包括对公交通行的"空间优先"和"时间优先"两方面含义："空间优先"通过设立公交专用道(路)或各类专用入口/车道加以实现；"时间优先"则体现在信号灯控制下的公交优先。这些优先在以前都采取固定形式，现在通过大数据分析技术，对现有车辆进行热点分析，可以在部分路段将公交车道和普通车道合并成多功能车道，在部分时段调整信号灯实现公交车优先通过，以提高公共交通运行效率。其他车辆优先可以基于全时段、全路段监控,通过大数据控制信号灯,实现合理分流。例如,浙江省杭州市萧山区创新实现 120 救护车等特种车辆优先调度,自动调整沿线信号灯配时,为救护车定制一路绿灯的生命通道,并减少对其他车辆的影响,到达现场时间可以节省一半。

(2) 交通需求管理

交通需求管理是指通过交通政策、交通设施建设及交通规划等的导向作用,引导交通参与者合理改变出行行为,以减少机动车出行量,缓解或消除交通拥挤的管理方法。交通需求管理一般通过控制交通需求总量和调节交通需求时空分布等实现。GPS、手机、浮动车、RFID、监控等多种数据采集方式为城市交通需求管理提供了海量数据基础,运用动态数据挖掘与分析方法,可以实时分析、预测未来交通发展趋势,进而合理引导交通需求的总量增长与时空分布。

控制交通需求总量是指利用合理的交通规划及相关政策的引导,达到减少交通需求总量的目的。通过大数据分析管理,可以实现合乘系统、合乘汽车停车优先制度、通勤出行使用公共自行车制度、优先使用公共交通、区域收费制度和限制汽车购买、限制车牌购买及自备车位等,可借助技术手段促进共享出租车、共享自行车的使用和管理,以提高通行效率。例如,杭州公交集团第一分公司通过调研共享自行车的出行轨迹,对 286B 公交车的线路进行了优化,使日客流量从不到 1000 人次升至 3000 多人次,有效缓解了交通压力。

交通需求在时间和空间上的不均衡会导致城市道路利用率降低。在时间分布方面,高峰时期交通负荷过大,低谷时期道路和交通工具的利用率低;在空间方面,区域之间的交通需求相差较大导致区域发展失衡。调节交通需求的时空分布,对缓解交通拥堵非常重要。调节时间分布的措施主要有错时上下班、倡导弹性工作制及远程办公等。调节空间分布的措施主要有城市与交通一体化规划,以及倡导职住平衡等。这些措施可以通过大数据分析技术计算出近似最优解,并根据实际情况加以调节。

(3) 非常态交通管理

非常态交通管理主要针对交通需求或供给在短时间内急剧增加或降低的情况下,如何维持交通流的稳定运行。典型的非常态交通管理有大型活动交通管理、交通事件管理等。在正常情况下，采取限流、禁行等措施会影响区域的交通流。交通大数据可以从以下几方面解决这类问题。

① 利用大数据，基于交通需求的产生、分布、方式划分与交通量分配方法，建立适用于非常态事件中的交通需求预测与管理方法体系。

② 利用实时监测数据、历史统计数据、专家系统和信息资源库，建立基于大数据技术的非常态交通信息监测、预报与管理平台。

③ 借助紧急疏散模型和仿真模拟平台进行突发事件的交通行为分析和疏散效果模拟，并根据实时大数据指导交通管理办法的调整与实施。

2010年上海世界博览会不仅经历了20余次单日超50万人次的大客流，还遭遇过百万人次的超大客流，参观者累计突破7000万人次。上海世博会组织方通过以下方式实现了会期交通保障的"奇迹"：在世博会准备之初，建设完备的交通系统；积极引导人流，95%的游客通过地铁、公交、大巴等集约化交通方式出行，减轻了交通压力；借助大数据等信息技术，准确对客流进行预判和实现精确调度指挥；统筹协调园内外交通、动静态交通等可能的交通方式，做到无缝衔接。

(4) 交通执法与秩序管理

通常情况下，道路交通管理主要通过交警进行交通执法与秩序管理，这种方式存在以下3类问题。

① 法规跟不上时代的发展变化。比如，2015年左右缺乏对网约车的管理措施；再如，目前部分地区共享自行车管理出现失管失控。

② 依赖交警的管理，无法在全时段、全路段实现交通执法与秩序管理。

③ 极少数交通参与者规避或抵制交通执法，影响较坏。

交通大数据可以通过以下方式解决以上问题。

① 根据交通数据的变化特点，分析影响交通的行为，可以先制定行业规则，进而立法。例如，2017年上海市自行车行业协会通过大数据分析，发布了共享自行车三项团体标准，包括《共享自行车第一部分：自行车》《共享自行车第二部分：电助力自行车》和《共享自行车服务规范》，通过协会形式规范了上海市的共享自行车投放标准和管理措施，有效促进了共享自行车的管理。

② 借助大数据来完成数据分析、处理，配合交警完成交通执法和秩序管理。近年来，很多城市利用交通大数据平台对违法未处理车辆进行检索，配合城市监控系统，实现了车辆精确稽查。

③ 实施交通参与者数据库建设，鼓励交通参与者参与交通管理。例如，山东省淄博市机动车驾驶员可以通过"淄博高速交警"微信公众号学习交通法规，参加微信在线考试，通过后可以对一起记分分值为3分（含）以下的交通违法作业进行免分处理，最高免6分，这有效促进了交通参与者的学习热情。湖北省武汉市于2017年5月开始对10类交通违法行为实施举报有奖措施，并通过市民举报线索成功破获多起交通肇事逃逸案。

7.3.3 大数据便民服务

交通大数据不光在交通管理上能发挥很大作用，在便民服务上也应用广泛。

(1) 路径规划与事故报告

导航软件基于车辆GPS可以得到车辆位置等信息，设定目的地后，通过最短路径等算法可以计算出最短路径。但是，最短路径不一定就是最佳路径，车流量、信号灯也影响着车辆的通行效率。借助大数据采集、存储和分析技术，可以对历史数据和实时数据进行分析预测，得到路网中车辆出行的态势，为车辆限流、引流等交通决策提供依据。此外，交通参与者可向大数据平台分享个人交通信息，有助于提高交通大数据的精确性，也有助于自身获得更好的最佳路径服务。海南省海口市交警融合百度地图、高德地图及道路监控实时数据，开展路网实时状态发布、高清道路实景快照服务和"海口交通报告"等多种便民服务，有力支持了城市交通管理。

原有的交通事故处理一般是由交警到场、交通事故认定、交通损害赔偿及调解等流程组成。对于轻微刮擦，可以由事故双方协调后，将协商结果提交大数据平台认定，从而减少事故对交通的影响，节约事故当事人的时间。2013年，广东省广州市交警联合协调保监会、保险公司在"广东交警"微信公众号上推出"快撤理赔"便民服务。这种服务主要针对未发生人员伤亡且车辆无严重损坏的情况，当事人可以进入微信公众号，上传位置信息和照片信息，确认以后快速解决交通事故，办理理赔手续，有效节约了时间，避免了严重影响道路交通。为便于操作和提高理赔效率，该微信公众号采用图形化、流程化的操作模式指导用户认定事故责任、办理理赔手续，并针对诸如上传图像不清晰等情况对用户进行提醒。数年的交通实践表明，这一措施有效节约了警力，提高了交通事故处理效率，简化了理赔手续，大大减少了二次事故的发生率。

(2) 车辆与机动车驾驶员管理

2014 年执行的《道路运输车辆动态监督管理办法》以新兴的车联网技术为核心，将运输车辆与卫星导航系统相连接，从而交管部门与运输公司可以对车辆进行监控，以确保车辆安全。随着交通物联网的发展，越来越多的私家车加入车联网，交管部门和交通服务平台也能更好地掌握道路车辆数据，对路径规划和车辆导航也是大有裨益的。

公交车路线规划过去一般根据经验来制定，但收集乘客信息费时费力，效果也不好。现在将交通一卡通与交通大数据相结合，可以分析出大部分乘客的常用乘车区间和乘车时间，公交公司可以此为依据，合理调整线路，减少乘客换乘。

此外，交通大数据可以刻画机动车驾驶员的驾车习惯，交通部门可以此对驾驶员进行评估，将结果反馈到运输公司，为其招聘和管理驾驶员提供依据。当然，个人也可以依据该结果改善自身驾车习惯，达到安全驾驶的目的。交通大数据还可以与 VR 技术相结合，模拟驾驶过程，由于交通数据具有真实性，模拟效果会非常好，可有效优化新驾驶员的培训效果。

7.4 交通大数据面临的问题与挑战

交通大数据在给交通管理和交通应用带来机遇的同时，也带来一些问题与挑战。

7.4.1 交通中的自动驾驶

自动驾驶汽车又称无人驾驶汽车，是通过计算机系统实现无人驾驶的智能汽车，对人民生活和交通安全均有益处。现阶段自动驾驶最大的技术问题与网络安全、高精地图等相关，同时，相关政策的模糊性也影响着自动驾驶的发展。

自动驾驶的控制系统需要与数据平台完成交互，现有的协议和系统存在漏洞，黑客可以通过传输通道、系统或协议漏洞入侵自动驾驶系统，发送误导性信息，从而对车辆安全产生很大威胁。面对这一风险，需要对自动驾驶的全过程前瞻性地制定防御策略，只有车辆制造企业、自动驾驶技术研发机构、安全公司互相配合才能规避该风险。

同时，自动驾驶对导航精度的要求非常高，一般要求在10厘米以下，而传统导航精度目前只能够达到米级，远不能满足需求。应用激光测距技术虽然能达到精度要求，但易受弯道等因素影响。使用高精度地图辅助驾驶时，由于道路规划布局的调整无法实时精确显示，效果也不理想。

另外，由于自动驾驶是新技术，政府对其态度相对谨慎。目前地方政府最多允许L3级别（在条件许可的情况下，车辆可以完成所有驾驶动作，并具备提醒驾驶者功能，驾驶者可以分心但不能睡觉，需要随时能够接管车辆）的自动驾驶试运行，离真正的无人驾驶还很远。

最后，自动驾驶汽车若发生交通事故，事故责任如何界定、保险公司的角色该如何改变、责任归属制度如何重新改写等将是自动驾驶普及前最受公众关注的焦点问题。

7.4.2 数据可视化

在目前所有的交通可视化系统中，非结构数据，如图像、树状图等使用很广泛，但是其可视化是公认的难点。图像处理占用的资源很多，可视化需要的资源也很多，目前的带宽和能耗的限制也不支持在单一平台上实现海量图像文件可视化，而使用并行可视化难以分解图像可视化任务。

交通数据由于其复杂性和高维度很容易产生维度灾难，降维算法虽然很多，但是对交通数据都不太适合。根据维度灾难理论，高维数据可视化效果越好，数据就越容易过拟合，错误的数据会影响交通数据的显示，同时显示多维数据需要耗费大量的系统资源。因此，交通领域的大规模数据和高维度数据会使数据可视化工作变得相当困难。当前，大数据可视化工具在应对交通大数据的扩展性、功能和响应时间上表现得还不够理想。

7.4.3 数据安全

1. 个人隐私泄露，带来信息安全隐患

任何新技术都是有利有弊的，大数据技术同样如此。交通大数据如果不能在信息安全方面进一步完善，就会带来泄露交通参与者隐私的风险。当前，交通领域大数据广泛应用，信息大量公开，常常涉及用户地理位置等信息，给用户隐私安全带来极大挑战。大数据平台能够对用户基本信息进行存储和搜索，用户隐私泄漏的风险增大。例如，通过大数据平台，知道用户的姓名和身份证号，就可以搜索出其车辆信息、常用行程、违章信息等。虽然平台对个人信息会进行一定程度的匿名处理和信息保护，但是公开发布后的匿名信息仍然有迹可循，甚至能够通过蛛丝马迹精准定位到用户。当前，政府部门对用户信息的收集和存储仍然缺少完善的管理制度，监督体系不成熟，用户信息泄露的情况极为严重。同时，很多用户缺乏个人信息保护意识，可能会因此带来极大的经济损失。

2. 大数据可信性不足，带来决策失误

交通大数据使用户可以实时查看交通状况，给生活出行带来极大便利，于是部分用户开始盲目相信数据。但是，大数据的可靠性来源于数据的可信性，如果数据的整理和存储存在欺骗，就会导致数据错误，进而对用户产生错误的指导，使用户做出错误的决策。由于大数据规模庞大，很多错误、伪造的数据掺杂其中，并随数据的传播而扩展，速度极快。同时，数据传播缺少必要的安全保护措施，导致错误严重的数据得不到有效检验，影响了结果的准确性，使得数据不能反映客观真实情况。因此，强化数据收集、存储、传播等过程中的监督和管理极为迫切。

3. 大数据监管保护技术欠缺，带来负面影响

在交通大数据时代，很多现实情况都是通过大数据反映出来的，大数据的高速传播使得大数据的应用范围越来越广。但是，对于大数据资源的监管仍然存在一些缺陷和漏洞，力度明显不足，数据的利用价值较低，应用效果受到影响。同时，在数据保护方面，也存在技术支持不足、手段欠缺创新等问题，很多数据在传输过程中受损，保护技术欠缺使得信息丢失，影响了企业、社会的稳定发展，甚至带来恶劣的负面影响。

第 8 章 农业农村大数据——强本节用

农业是人类的"母亲"产业,农业的发展水平直接关系到人民的切身利益,影响到国家的长治久安。农业现代化是国民经济现代化的重要组成要素,而大数据技术是实现农业现代化的重要途径。本章围绕解决制约农业农村大数据发展的突出问题和薄弱环节,介绍综合运用大数据思维和技术,创新推进大数据在农业生产、经营、管理、服务等各环节、各领域的应用,以提高农业农村经济运行监测的能力和水平。

8.1 农业农村现代化的新机遇

农业要素具有种类多样、环境复杂、产销分散等特征,为大数据技术在农业领域的运用和实践提供了规模浩大的数据基础。大数据在农业中的运用覆盖了农业产业链的各个环节,从耕地、播种、施肥、收割,到农产品的储运、加工、销售等。农业生产过程的每一层、每一环都涉及大量的专有数据,传统信息处理方式难以挖掘与分析这些大量异构数据潜在的价值。

互联网、物联网及线上平台技术的日趋成熟,使得农业生产、加工以及农产品流通、消费的整个过程中产生的数据可以得到很好的采集、存储和推送,使得农业农村大数据发展获得了坚实的现实支撑,为农业现代化提供了新的历史机遇。

8.1.1 大数据为农业农村发展指明了新方向

大数据技术为提升农业生产力提供了机遇。到 2015 年为止,我国粮食产量已经实现了"十二连增",从事农业产业的人数众多,然而劳动生产率并不高，存在巨大提升空间。在大数据技术驱动下，大量农业生产力从农业基础生产中解放出来，投入到高附加值农业产业中，逐步优化升级整体产业结构，将大大激发农业资源的发展潜力。农业在追求产量的同时还可实现资源的合理分配及生产效率的显著提高，走上可持续的集约发展道路。

大数据为农业多样化发展指明出路。市场化日益完善促使购买力不断提升，人们对高附加值农产品的需求量也在不断增加，这为生产高附加值、高利润的农产品提供了良好契机。从业者对市场的感知力将大幅提升，能够科学预判市场需求，降低高附加值、高利润农作物生产风险，从而保障生产者的预期收益。农业发展的多样化成为可能，布局的合理性将得以完善。

大数据为精准预测提供了手段，使得农业生产不再靠天吃饭，借助预测模型与机器学习，为化学药剂用量、灌溉施肥、气候预测、目标产量等提供了辅助决策手段；帮助农户实时、精准把握生产状态和市场需求，避免了信息滞后、信息误导，为包括市场精准预测在内的农业生产全生命周期提供了数据资本，实现了资源的有效利用与生产的合理布局；降低了农业改革调整的盲目性和风险。目前，我国各领域都在开展供给侧结构调整改革，大数据作为农业与市场接轨的纽带，在满足市场需求的同时，可辅助实现农业产业结构调整、优化的目标。

8.1.2 互联网为农业信息铺设了"高速路"

"互联网+"概念的兴起使得互联网技术与农业的联系愈加紧密。对于分布于农业产业链各环节的大量数据，只有通过网络才能更高效地流转和共享，在"互联网+"大背景下，农业转型是必然趋势，"互联网+"农业概念图如图8-1所示。互联网为农业信息铺设了"高速路"，重点体现在以下两个方面。

（1）"互联网+"完善了农业农村大数据采集网络

在信息采集传感器广泛密集部署的基础上，农业生产各环节会产生大量数据，要采集和利用好这些数据，就需要建立信息顺畅流转的"高速路"。在"互联网+"时代，硬件基础设施性能有了质的飞跃，原本束缚数据传输速率的网络带宽大幅提升，使得农业农村大数据实时、全面采集网络的建立成为可能。

图 8-1 "互联网+"农业概念图

(2)"互联网+"促使建成农业农村大数据系统平台

"互联网+"为信息资源高效、有序的集成、共享、挖掘提供了基础支撑。数据实时高效采集的结果为开展农业农村大数据的挖掘与分析提供了充足原材料。采集后的大量异构数据汇聚在同一平台上。要实现对这些异构数据资源的有效管理,就必须建立基于分布式架构的云存储系统,实现信息资源的集成、共享,在此基础之上才能进行农业农村大数据的分析、处理,为用户提供检索、推送服务。

8.1.3 物联网为农业感知延伸了"触角"

农业物联网是发展现代化农业的重要环节。以无线传感网为核心的物联网技术能够监测农业领域的各项参数及指标,获得更多、更准确的数据和信息,进而对数据实现挖掘与分析。如果说大数据技术在农业上的应用是现代化农业的发展趋势,物联网则带动了农业农村大数据的发展,为农业感知延伸了"触角"。

借助于物联网,农业生产模式实现了从经验式到精准式的转变,实现了省水、节肥和农药用量的减少,实时感知、响应成为可能,农业生产精细管理程度大幅提升。目前,在大田农业、设施农业、果园生产管理中,已经广泛应用了物联网技术,在温室智能控制、智能节水灌溉、农产品长势与病虫害监测等方面都取得了较好的效果。例如,新疆生产建设兵团某师的棉花田安装了基于物联网的膜下滴灌智能灌溉系统,集墒情监测、用水调度、灌溉控制于一体,能够实现滴水、施肥的计算机自动控制,每亩节省水肥10%以上,同时棉花产量提高10%以上。

物联网与大数据相互依存、相辅相成,大数据的产生依托于物联网,物联网为大数据的传输利用提供了渠道,在可预见的未来,物联网与大数据的结合将在智能农业监控、农产品标准化生产、农产品安全追溯及防伪鉴真等方面继续扮演至关重要的角色。

8.1.4 线上平台为农业销售拓展了"渠道"

近年来,以电子商务、线上平台为典型代表的大数据应用飞速发展,整个农业产业也融入这场变革的洪流之中,在调整优化中催生了更多商机,同时也开拓出更精细的市场,为农产品销售拓展了"渠道"。

线上平台丰富了传统的品牌内涵,同时延伸了品牌外延。在电子商务和社交平台支撑下,催生了一批网红农民,传统品牌向线上品牌转型,地标产品向区域公用品牌演化。农产品线上平台模式从B2C发展到C2B,再到B2B。线上平台的大宗农产品更加标准化,刚需更强,企业客户信息化基础逐渐完善,"宋小菜""优配良品""一亩田"等B2B农电企业迅速崛起。

农产品线上平台的发展是大数据技术应用的成功典范,它的成功为农产品销售拓宽了渠道,提供了新的契机。

8.2 农业农村大数据的发展

农业农村是大数据产生和应用的重要领域之一,是我国大数据发展的基础和重要组成部分。农业农村大数据正在与农业产业全面深度融合,逐渐成为农业生产的定位仪、农业市场的导航灯和农业管理的指挥棒,日益成为智慧农业的"神经系统"和推进农业现代化的核心要素。在农业农村大数据发展过程中,可重点围绕农业生态环境监测、农产品质量安全追溯、农产品市场精准营销等方面展开具体工作。

8.2.1 国外农业农村大数据的发展

国外注重大数据的精准化、智能化。农业农村大数据与精准农业概念相结合，已经应用于大部分农场并产生了理想收益。对农业生产全过程的精准化、智能化管理，可以大幅度减少化肥、水资源、农药等的投入，提高作业质量，使农业经营变得有序化，从而为转向规模化经营打下良好基础。

1. 美国

美国是大数据研发的领跑者，较早开展了大数据在农业农村的创新研究与应用，具备信息收集能力强、采集范围广的基础优势，已经建立起一系列信息容量大、精准程度高的农业农村大数据共享平台。

作为著名的美国政府公共数据资源分享网站，Data.gov 包含了农业、气象、金融、创造业、健康等多个领域的数据，农业从业者可根据自身需求自行下载并进行数据研究、应用程序开发及数据可视化设计等。该网站提供了农贸市场地理数据、天气气象数据、饲料谷物数据库、农民市场目录、农药数据项目等众多涉农数据。上述数据在农户/企业的农业投资决策、农业创新和政策策略调整等方面发挥着至关重要的作用，公众通过对数据进行二次、三次开发，可最大限度地发挥其价值。

美国不乏农业农村大数据创新公司，以著名的农业农村大数据公司 Climate Corporation 为例，该公司基于公开的海量国家气象服务数据，研究全国范围内的热量与降水类型，基于这些数据，与美国农业部积累的 60 年农作物产量数据进行对比分析，进而预测农作物生长情况，同时通过对实时气象数据进行观察与跟踪，向农民销售线上天气保险产品。公司在提供农业生产管理服务的同时，评估农民收入，通过库存跟踪、利润预测和数据管理等手段，最大化其利润。公司公开各地区粮仓对农作物的收购价数据，并将农作物在商品交易所的报价提供给公众，以辅助农民对价格进行实时比对。

美国政府、农业农村大数据公司通过公共平台对农业农村数据进行整合、共享，一方面挖掘了现有数据的潜力，另一方面有利于用户及时便捷地获取各类数据，奠定了农业信息化的良好基础。

2. 英国

英国政府将大数据发展摆在了国家战略的高度，积极推动大数据在农业领域的运用与实践，大力开展公共数据共用共享工作，为商业企业和研究机构提供充足的数据资源。和美国类似,英国政府也建立了官方公开数据的门户网站 Data.gov.uk,其中包含大量与农业相关的信息。通过公开共享这些数据,广大农业企业、从业者、农产品消费者都能够获得便捷的农业信息接口。

英国政府 2013 年发布了"英国农业技术战略",重点指出农业农村大数据是农业技术发展的核心和突破口,因此在农业农村大数据技术研发过程中,注重挖掘其实用价值和潜在应用前景。英国还成立了"农业技术创新中心",力争把英国建设成为世界级的农业信息强国。

在资金方面,英国政府不惜巨资对农业农村大数据研发应用给予了大力支持,以期通过提供雄厚的资金保障,实现农业农村大数据技术研发的新突破。

3. 日本

日本的人口老龄化程度高、速度快,直接导致了劳动力短缺。同时,年轻劳动力大量流向城市,致使农业农村生产活动的后续力量严重不足。为突破上述困境,日本政府正通过云端技术与大数据技术推动智慧农业发展,以达到提高农产品品质、生产效率,保障日本农业供给安全的目的。

日本政府多年前就开始关注农业信息化,处于农业农村大数据应用的领先地位。作为日本农业农村领域的核心组织,日本农业协同组合采集了 1800 个"综合农业组合"数据,设计了市场空间和价格行情预测系统,为农户提供精确市场信息,农产品品种及产量数据分析等数据产品。农户通过接收行情预测,可及时调整农产品的生产品种和数量,使农业资源得以优化配置,实现收益最大化。

整体来看,农业协同组合在日本农业农村大数据的应用中发挥了巨大的作用,其全面开展农业农村数据的收集与分析,为农业农村大数据发展打下了坚实基础。

8.2.2 国内农业农村大数据的发展

与西方经济大国相比,大数据技术在我国农业领域仍处于探索阶段,当前还面临很多现实问题。我国农业信息化水平相对落后,特别是农村地区的网络环境、传输条件和信息化基础设施还很落后,农业农村数据在采集体系、标准建设、数据交换、人才队伍等方面还有大量工作要做。

1. 国家政策

从近年来的国家政策大环境来看,国家和各级政府都将发展农业农村大数据视为当前农业发展建设的重点工作。

2015年发布的《促进大数据发展行动纲要》和《关于推进农业农村大数据发展的实施意见》中指出,发展农业农村大数据是建设新农村,"调结构、促增长"的有力抓手,明确了包括夯实国家农业农村数据中心建设、推进数据共享开放、发挥各类数据的功能、突出支撑农业生产智能化、实施农业资源环境精准监测等农业农村大数据发展和应用的五大基础性工作和十一个重点领域。

2016年10月,原农业部印发《农业农村大数据试点方案》,在全国范围内选取农业发展基础好、特点鲜明的地区设立农业农村数据试点,积极探索农业农村大数据的具体运用途径,借助于大数据这个突破口调整农业发展模式和产业结构,为开展农业创新型发展做出大胆尝试。同年12月,国务院印发《"十三五"国家信息化规划》,提出整合构建国家涉农大数据中心和国家农业云,打造农业公共服务平台,建设全球农业农村数据调查分析系统,建立农业全产业链信息监测分析预警系统,以推动农业农村大数据应用。

2017年1月,原农业部印发《"十三五"农业科技发展规划》,提出要建立农业农村大数据平台、耕地质量大数据平台、农业生态环境大数据库与信息化平台,构建农业资源环境大数据中心,研究农业农村大数据整理、甄别、校正、挖掘相关的算法及模型,研发农业农村大数据应用关键技术。同年11月,原农业部遴选认定了38个农业农村大数据实践案例,继续推进大数据技术在农业中的创新应用。

2018年1月,原农业部印发《关于大力实施乡村振兴战略加快推进农业转型升级的意见》,明确强化推进农业农村大数据应用探索,建立农业农村数据资源体系,建设并普及使用重要农产品市场信息平台等,加快推进建设全球农业农村数据调查分析系统。2018年3月,国家农业农村部成立,并规划在2019年开展生猪、苹果、茶叶、柑橘等领域全产业链大数据建设试点,为整个农业农村大数据发展应用探索道路、提供经验,为创建特色农产品优势区提供新动能。

2019年"两会"期间,有人大代表提出要建立全国范围的农业农村大数据平台,以实现"智慧农业",大数据必须充分发挥其在农业生产中的关键技术作用;通过建立农业农村大数据平台解决农业生产信息不对称问题,提高农业生产效率,提升产品质量。

纵观农业农村大数据发展历程,在大数据时代,应建立综合数据平台调控农业生产活动,通过记录分析农业种养、流通过程的动态数据,进而制定相应举措,为农业的高效有序发展保驾护航。

2. 问题与挑战

虽然国家出台了一系列政策促进农业农村大数据发展,然而目前,我国农业农村大数据发展仍面临一系列问题与挑战,主要包括以下几个方面。

(1) 缺乏整体大数据资源规划

农业农村大数据资源涉及面广、环节多,整体规划难度大。一方面,与农业生产相关的数据要素繁多,各要素数据结构差异大,数据间关联度不高,个别资源信息资料存在空白领域。另一方面,数据资源的采集、处理、传输和运用的各个环节缺乏统一标准,造成整体效率降低,甚至出现重复建设的情况。作为农业农村信息化的基础,数据资源质量直接影响着后续挖掘、分析、治理等工作的开展。因此,大数据资源规划的顶层设计至关重要。

(2) 农业农村大数据分而治之

共用共享是大数据的核心理念之一,但从目前各领域实际运用情况来看并不理想。单是农业农村部牵头建设的各类数据库就多达近百个,另外还存在一批建设标准各异的地方农业农村数据库,数据整合难度非常大,如图8-2所示。如果数据分而治之的问题得不到有效解决,大数据共用共享的前提将不复存在。从融合的数据再退回到单一的数据,数据挖掘与分析的价值将缩水,基于数据建模预测的能力也会降低。

(3) 农业农村大数据来源不足

尽管农业农村大数据建设工作正如火如荼地开展,但数据来源不足这一源头问题仍未得到根本解决。现有的农业农村数据采集渠道还不够深入细致,很多末端数据无法得到有效采集。数据量不足、覆盖面不广等问题仍不同程度地存在。要想解决这些问题,一方面要加大建设基础数据采集设施的投入，另一方面要调动农业生产者参与数据采集的积极性和主动性，切实把数据采集系统利用起来。

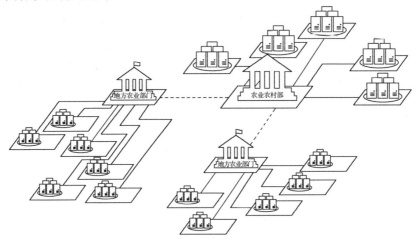

图 8-2　我国农业农村大数据分散建设示意图

(4)农业农村数据资源利用率低

目前，在农业农村大数据发展过程中采集到的数据类型多样，除了传统的结构化数据外，音视频、图像、文档等非结构化数据的比例不断提高。面对这些格式不一、标准不同的异构数据，现有的分析处理技术手段还比较落后，数据潜在的价值还有待进一步挖掘。

在未来农业农村大数据建设中，将会面临以下几个方面的挑战。

(1)农业生产的多样性

与其他传统产业不同，自然因素对农业发展的影响很大，作为农业农村大数据发展中的变量，必须给予足够的关注和处理。

首先，土地对农业生产的特殊重要性不言而喻。土地不单是农业劳动的载体，还要提供水分和养料等农作物生长发育必需的资源，土地的数量和质量是农业生产发展的显著影响因素。农业生产在较大程度上受限于自然条件，不同地形、土壤，灾害性天气(旱、热、冰雪、寒潮、大风等)都会对农业生产造成影响。其次，农业生产活动的周期性、季节性特点鲜明，这决定了在生产经营决策中，必须及时准确地掌握相关辅助信息，否则一旦做出错误决策，就会打乱整个农业生产周期，造成不可逆转的损失。

(2) 人才资源的匮乏

农业农村大数据的发展进步离不开掌握前沿技术的人才。农业农村大数据有其自身的特点，只有结合这些特点，才能科学高效地开展农业农村数据网络和信息管理工作。

只有更多有技术、懂农业的人才加入农业农村大数据技术团队中，农业农村大数据才能持续高效地发展。长期以来，我国农村基础差、底子薄，农业成为"脏、乱、差"的代名词。因此，不少青年不愿投身于农业科技开发，涉农人才相对匮乏，既懂得数据挖掘与分析技术，又了解农业相关知识的复合型人才更是少之又少。因此，如何提升农村的吸引力，让年轻的科技工作者安心、尽心地投入到农业农村大数据发展建设的末端，是各级政府应重点关注的问题。

(3) 网络基础服务设施不完善

网络基础设施是确保农业农村大数据产生、流转的基本硬件前提，农业对数据实时性的要求很高，借助高速畅通的网络环境，大量第一手的农业农村数据能在第一时间得到汇总处理，为筛选信息、分析预测提供了宝贵的时间，进而可以提高农业农村大数据辅助决策的能力。

目前，我国大部分城市地区网络基础设施建设相对完善，但农村，尤其是偏远地区的网络基础设施资源较欠缺。这些地区地质条件复杂、人口分散、经济落后、消费能力偏低，导致基础网络设施建设和运维成本极其高昂。目前，我国未通宽带的行政村仍有数万个，在很大程度上阻碍了农业农村大数据的发展进程。

(4) 数据共享度低

数据共享是大数据发展的前提和本质要求，只有突破原有的数据壁垒，大数据才有可能实现更加深入全面的发展。总体来讲，我国大数据建设工作已经开展了一段时间，但各行业、各领域数据资源共享的程度并不高，农业农村数据资源因其种类繁多、范围分散，更是增大了共用共享的难度。

3．对策建议

农业农村大数据横跨周期长、涵盖领域广，与各涉农部门均存在广泛联系。农业农村大数据建设必须要统筹各部门的协调联动，衔接好农业生产各环节,以运用大数据技术手段采集、处理、分析农业农村数据,服务于农业现代化发展。借鉴国外农业农村大数据发展经验,结合我国实际情况,可以从以下几个方面提高我国农业农村大数据发展水平。

(1)战略层面,建议以农业农村大数据助推乡村振兴

瞄准"数从哪来、数谁来用、数怎么管",依靠数据来决策、评价、考核乡村振兴策略的科学性、合理性;在实施乡村振兴策略过程中要防控各类风险、抵御自然灾害、预测预判市场动态、评价生态治理环境、推进精准农业生产等。

(2)技术层面,建议在边远小散农村区域部署泛在网络

要加大资金投入,花大力气开展农村,尤其是边远小散地区的网络基础设施建设,提高网络覆盖面,同时充分发挥技术优势,应用5G等最新移动通信技术,尽可能消除网络传输瓶颈。同时,电信运营商要提高网络服务质量,根据农村实际情况降低资费,确保农民接得起网、用得起网,为后续农业农村大数据发展奠定物质基础。

(3)应用层面,建议依托农业农村大数据平台挖掘数据价值

现有的农业农村存量数据资源为进一步发展大数据奠定了良好基础,通过加强研究大数据在农业领域的关键技术,提升农业农村大数据平台建设,激发存量数据价值,可为各种创新性的农业服务提供支撑。

总之,大数据技术的快速发展和深入应用为我国农业产业创新带来了崭新机遇,通过前期建设,农业信息化已取得阶段性成果。在相关政策的指引下,农业生产各环节从业者学数据、用数据的积极性正在被大大激发,全面运用各种数据资源和先进技术推动农业现代化进程已成为普遍共识。在可以预见的未来,以我国广阔的农业产业为沃土,积极尝试大数据技术推广和运用,勇于探索,万众创新,必将推动我国从农业大国向农业强国成功转型的进程。

8.3 农业农村大数据应用

科技是农业农村发展的首要推动力,传统的农业生产方式结合大数据技术,将诞生出一系列更具活力的农业农村大数据应用,主要包括以下几个方面。

(1) 育种

传统的育种辛苦费时，培育周期长，一个好的品种一般需要一二十年甚至更长的培育周期。即便如此，投入大量精力也无法保证获得预期成果，因此育种的效率很低。借助于大数据技术，科学家可成功检测出大量基因型，进而借助人工智能和深度学习技术，大幅提高优良性状的识别速率。大数据使得农业育种水平有了跨越式的提升。

(2) 农作物栽培

在农作物栽培过程中，通过监控作物生长过程中的环境参数，可实时感知农作物生长状况，动态调控浇水、施肥等操作，为农作物栽培精准化提供依据。统筹协调播种日期、播种面积、施肥时间、施肥用量、灌溉用水量、农药喷洒时间，与机械化无缝对接，不仅有利于农作物生长、提高生产效率，还有助于节约种植成本、提升农民收入。另外，在无土栽培、蔬菜大棚等新型种植方式中，通过对温度、通风、施肥等进行精细化处理，农民可根据分析处理结果直接实施操作，进而大幅增产。

(3) 病虫害防护

作为我国主要农业灾害之一，农作物病虫害具有种类多、影响大、时常暴发等特点，发生范围广、程度严重，给农业生产和农业经济造成了重大损失。将农业农村大数据应用于农作物病虫害测控预警，将为农作物病虫害监测防治提供决策依据。通过采集气候、菌源等与病虫害相关数据，并进行综合分析，预测病虫害暴发时间和区域的准确率将大幅提高，可缩短防护工作时间，挽回农业病虫害损失。

(4) 农业环境监测

深度挖掘与农作物生长息息相关的大气、湿度、温度、土壤等数据，可使数据背后潜在的价值得以展现，农业环境监测水平将大幅提升。通过大数据的科学辅助决策，可帮助农民掌握施肥、灌溉的最佳时机，如图 8-3 所示，达到既节省资源、降低成本，又避免过度灌溉对农作物生长产生负面影响，杜绝过量施肥造成环境污染的目的。运用深度学习技术对农作物生产期间的大规模数据进行建模分析，则能大幅提高环境预测的准确性。

图 8-3 大数据技术与农业环境的监测

(5) 农产品流通

农产品流通直接关系到农业生产者能否获取预期的收益。传统上，为了提高农产品流通效率，通常采用改良农产品从农村到城市的交通条件的方式来实现。农产品流通中的关键是实现信息道路的畅通，为分析农产品价格走势、预判消费需求等提供新途径。基于大数据的农产品流通体系的建立可以帮助从业者预判农产品需求、价格变动等重要信息。

(6) 农产品质量安全追溯

农产品质量是衡量农业生产水平的重要参数之一，以往对农产品质量的监控往往不够全面，信息也相对滞后，很难实时反映农业生产过程中存在的质量安全问题，影响了管控效能的发挥。通过育种阶段的基因测序分析，可从源头上选取高质量的农产品；依托农业农村大数据平台，共享公开农产品质量信息，可建立公平竞争环境，激励农业生产者优化生产细节，提高农产品质量安全水平。

第 9 章

其他行业大数据——百花齐放

除第 6 章至第 8 章介绍的市场监管大数据、综合交通大数据、农业农村大数据外，各国其他行业大数据建设工作也在有条不紊地推进，本章选取了政务大数据、公共安全大数据、健康医疗大数据、粮食物资大数据、智慧营区大数据等行业应用，分别进行了现状概述、特点分析及应用展望，以期为读者展示一张大数据应用"全息图"。

9.1 政务大数据

政务大数据在促进经济增长和产业转型升级、推动经济社会全面发展、增强综合国力和国际竞争力方面发挥着至关重要的作用。如何挖掘政务数据的潜在价值，进而提升政务服务能力，是政务大数据建设的重点方向。

9.1.1 数字时代的管理模式

大数据理念是一种全新的思维方式，将带动政府管理结构层面的革新和优化，重构政府与公众的关系。在过去的 100 多年间，全球政府管理经历了 3 种模式：韦伯模式、新公共管理模式、数字治理模式，如图 9-1 所示。自 2000 年以来，互联网技术风起云涌，为公共管理模式带来新的变革，数字治理模式逐渐受到人们的关注。这种模式以数字化技术为核心，提高了政府与公众间的数据流通效率。采用数字治理模式后，可以更高效、更智能地管理政府各层级的数据，在降低管理成本的同时，还能更好地分析管理数据，比原有管理模式更为便捷。

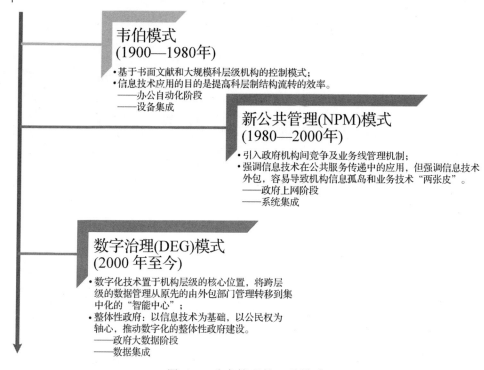

图 9-1　政府管理的 3 种模式

9.1.2　国内外现状

政务系统与大数据技术的有机结合,是提高社会治理能力、提升政府监管和服务水平的有力抓手,欧美发达国家将发展政务大数据置于国家大数据战略的核心地位。为有效利用政务数据,并通过公共行业的大数据应用来推动政府服务改革,澳大利亚联邦政府发布了"澳大利亚公共服务大数据战略"。2011 年,美国和英国等八国为了支持国家的政务信息化建设,发布了《开放政府宣言》,通过对政务大数据的分析利用来提升政府服务水平。

我国同样高度重视大数据在国家未来发展中的战略地位。2015 年 8 月,国务院正式印发《促进大数据发展行动纲要》。这是我国关于大数据发展的国家顶层设计和总体部署,并对政府大数据建设任务做出了明确部署,提出要建设政府数据资源共享开放、国家大数据资源统筹发展、政府治理大数据、公共服务大数据等 9 个专项工程。2016 年以来,国家为推动构建国家数据资源体系,进一步强调了推进政府数据开放,通过实施"互联网+政务服务"

等工程,推动了多个民生领域的政府数据向社会有序开放。各地政务大数据的发展建设已取得以下成果。

成果一:建立了各级政府大数据中心。例如,深圳市提出加强政府数据的统筹协调管理,进一步完善全市统一基础信息资源库,以及重点领域主题信息资源库和业务信息资源库,建立全市集中共享的政府大数据中心。

成果二:构建了各级政务云平台。为各业务部门提供数据存储、云计算等服务,推动信息化建设共享共用发展,力图实现从各部门碎片化建设的模式向统建统管、共享共用的模式转变。

成果三:实现了政府数据开放共享。通过建设统一的政府数据开放平台,制定政府数据开放目录和标准规范,在保障安全和个人隐私的前提下,逐步开放重点领域的政府数据集,提供面向社会的政府数据服务,促进社会对开放数据的增值性、公益性和创新性的开发利用。

成果四:提升了政府监管与服务的科学决策能力。政府决策、社会治理、城市管理、公共服务等重点领域的政务大数据应用为政府提升管理能力和公共服务水平提供了科学支撑。例如,北京市的相关建设主要集中在发展政府决策、市场监管、交通管理、生态环境、城乡规划与国土资源管理大数据等方面,逐步实现了汇聚整合和关联应用。

9.1.3 问题与思考

1. 面临的主要问题

我国在政务大数据建设过程中,虽然已经迈出了坚实的步伐,但依然存在以下问题。

(1)数据共享权限方面:没有明确的数据共享权限界定标准

无论是政府内部的数据共享,还是政府数据对公众开放,都涉及数据共享或开放的权限确认问题,即数据提供方和数据使用方就某项数据是否可以与特定对象(社会公众或某个政府部门)以某种形式(API接口、单一查询、批量查询、全量数据等)和某种频率(实时、定期等)共享达成一致意见。

影响政务数据流动性的主要问题集中在行政层面的许可上,目前主要通过行政命令或管理办法要求数据提供方确认数据共享权限。许多单位顾虑数据的安全性,对数据权限开放采取保守谨慎态度,导致跨部门的数据获取成为难点。

(2)体制机制方面:无法彻底解决数据流动性问题

政务大数据发挥价值的前提是解决数据流动性难题,即通过协调使数据提供方同意向数据使用方以某种方式开放数据。通常情况下,该协调通过行政命令来体现。行政命令通常情况下又集中于项目建设期,有关单位迫于行政命令的压力,一般都会给予一定程度的配合,但是一旦项目验收完毕,行政命令就随之失效,数据提供也就成为问题。

(3)技术实现方面:数据中心建设缺乏成熟清晰的模式

由于大数据产业尚处于起步阶段,市场上提供大数据技术的公司很多只专注其中一块业务,如云平台公司、数据处理公司、数据交换平台公司、数据应用开发公司等,市场上能够将这些云平台、数据中心和大数据应用技术整合在一起的集成商还不多。

2. 应对思考

为破解政务大数据建设中的难题,建议从以下3个方面来促进政务大数据建设。

(1)创新管理,完善数据共享长效机制

建立全国统一的政务数据共享和开放权限基本目录,以部分重点政务大数据(如人口数据、企业数据、证照数据等)为切入点,对这些数据的开放范围、开放方式、访问主体等做出明确规定。

在国家层面,进一步完善国务院办公厅印发的《政务信息资源共享管理暂行办法》,引入政务信息资源共享监管机制,明确一个强有力的政府部门专职主管地方政府的数据共享监管任务,将数据监管工作常态化,确保行政约束贯穿整个政务大数据项目的生命周期。

(2)应用驱动,探索政务服务大数据中心建设模式

在当前政务大数据中心尚无成功建设模式的背景下,政务大数据中心建设宜轻资产、重应用,在应用驱动的过程中,重点攻克有关难题,形成建设政务大数据中心的技术积累和管理积累,逐步形成政务大数据中心的建设规范。

加强政务大数据中心管理制度建设，制定本地政府政务数据资源共享管理办法，在信息资源共享安全保障、信息化项目审查、信息资源目录编制、信息资源共享管理一体化等方面做出明确要求。从行政手段上创新政务数据中心管理办法，如以项目审批、资金安排、项目验收为抓手，要求新建信息化项目按照政务数据中心有关规范编制目录、登记共享数据接口等。

(3) 发掘热点，提升政务服务大数据社会效益

在政务大数据建设中，缺乏政务大数据应用的数据中心建设，数据中心资源难以充分发挥价值，易造成巨大的资源损耗。政务数据中心的成长需要大量政务大数据应用建设经验的积累。

政府内部大数据应用方向的取舍可借鉴互联网思维，根据用户规模、用户使用频次、用户获得的价值等指标去衡量一个大数据应用是否具有建设价值。当前政务大数据应用如果从基层业务数据的整合切入，会更容易取得成效。

9.2 公共安全大数据

从分布、多源、异构的公共安全大数据中快速挖掘出对公安工作有价值的信息，有效服务于公共安全领域的社会态势预测检测、预警预报和应急处置，可以实现预防违法犯罪、化解不安定因素，从而维护社会治安持续稳定。

目前，公共安全领域正在推进一系列与信息化密切相关的建设工作，包括预警预测智能化、预案体系数字化、信息资源共享化、指挥控制可视化、风险防控网格化等。上述每项工作的功能实现都离不开海量数据的支撑，包括数据处理、数据挖掘、基于数据的智能决策等。本节以警务大数据、消防大数据和反恐大数据为例，对大数据在公共安全领域的应用模式和面对的机遇、挑战进行梳理。

9.2.1 警务大数据

利用大数据预测和打击犯罪是警务安全领域新兴的研究和应用热点，可通过快速挖掘相关警务大数据中有价值的信息，实现异常行为或群体行为的分析和预测，从而实现案件事件的预警和应急处理。警务大数据应用包括以下几个方面。

(1) 物理空间多类物理行为分析

该分析基于车辆行驶、人口流动等多类物理空间大数据，挖掘物理实体对象(如人、车)间、案(事)件间、实体对象与案(事)件间等的关系，提取物理行为模式，用于案件侦破和突发预警。

(2) 网络空间跨媒体网络行为分析

该分析基于社会媒体网络空间大数据的语义，挖掘网络实体间的关系，提取多类媒体数据的网络行为模式，分析网络行为扩散和传播的动力学机制，实现对突发事件的网络舆情监控。

(3) 以案(事)件为中心基于多种行为的实体(嫌疑)对象分析

该分析基于案(事)件模型库，提取案(事)件行为模式，通过案(事)件和实体对象行为模式的快速匹配，实现以案(事)件为中心、基于多种行为的实体(嫌疑)对象分析，从而对重点案件、重点任务进行侦测。

9.2.2 消防大数据

消防工作事关人民生命财产安全，为各种经济生产提供安全保障。传统消防隐患排查主要依靠人工进行，速度慢、效率低。利用信息化手段，可将各类消防资源通过互联网整合起来，借助大数据分析技术，提供快速、有效的消防隐患排查手段，为公众生活和经济生产提供便捷的消防服务。

1. 大数据在消防领域的应用

传统消防手段无法动态感知管理对象，无法实时掌控火灾隐患，无法优化救援调度。借助大数据技术，可以挖掘火灾隐患的潜在规律，对火灾事故进行提前预判，实现救援调度的精准化、高效化。

(1) 灭火救援方面的应用

应用大数据可提高安全态势感知、预测及应急处置的能力，提高警情分析、安全保障的现代化水平，提升舆情研判、预警及应对的能力，使舆情分析结果更加科学严谨，有效发现和化解社会问题；加强联勤联动机制建设，让数据资源在交流中碰撞，用形成的数据网加大灭火救援处置力度，从而优化整合各个部门数据系统的资源，实现多方资源整合与应用服务的灵活性，让数据发挥出应有的实战作用。建立和完善信息共享机制，除了要搭建供信息互通共享的平台外，还要建立信息共享制度，如什么样的数据可在什么范围流动共享、在调取某些重要数据资料时需要有一定的交接手续等。

(2) 防火监督方面的应用

用大数据分析火灾高发原因，可为防火重点区域、时间段等提供决策支持。根据消防总队、支队、大队、中队的各年度、季度、月度的灭火救援、社会救助等的历史出动数据，按照起火时间、起火场所、建筑类别、起火物品、火灾原因等维度分析各类火警事件指数，为重点防控提供决策支持。

2．着力构建"智慧消防"

目前，我国消防大数据平台建设和应用相对还比较滞后，消防部门普遍存在信息化水平不高的现象。大数据平台建设还存在硬件配备、网络覆盖无法满足实战需求，数据来源单一，应用终端配置数量不足等问题，大大制约了平台的发展和应用。

应积极借助物联网、大数据、云计算、移动互联网等技术手段，将灭火救援、火灾防控和消防治理等纳入"智慧城市"建设内容，不断提升消防工作的科技化、信息化和智能化水平。在灭火救援方面，全面提升报警定位精度；实时获取消防车辆位置、可用灭火药剂、消防器材、消防员位置、状态等现场态势感知数据，实现灭火救援全过程数字化。在社会消防治理服务方面，获取社会单位的消防安全管理行为、消防安全设施运作情况等数据；通过消防"微警务"等载体，实现掌上建设工程消防备案、轻微消防违法行为行政案件快速办理、火灾隐患实时上传、消防监督执法案件回访等功能。要定期分析社会单位消防安全状况，明确消防监督检查重点，以有效提升监管针对性和实效性；加快推进大数据指挥服务中心与联网监测中心的数据对接工作，将火警信息终端的报警信息视为接警信号，第一时间电话核实并视情况调度出警。

9.2.3 反恐大数据

大数据技术在反恐领域已得到一定应用，美、英、俄、日、法、德等发达国家都建立了反恐情报数据库，有学者利用博弈论、网络规划、计量建模与可视化分析等方法进行了暴恐行为建模预警、处置资源最优调度、反恐设施优化选址等研究。对于美国国土安全部提出的多种重大安全事件情景，兰德公司开展了战略情景推演研究。目前，基于反恐大数据的前沿研究主要集中在以下几个方向。

(1) 基于人机群智协同的区域反恐数据感知技术

该技术利用群智感知计算模式，提出基于多类物联感知设备、社会群众及其随身智能终端的人机多元化群智式涉恐行为奇异稀疏数据感知采集机制，激励社会群体积极感知奇异稀疏数据；提出基于群智协同的高质量暴恐数据标签识别方法，建立众包框架，微任务式分解暴恐数据标签提取任务，激励用户高质量完成，形成低成本、高质量和多样性的暴恐大数据集。

(2) 区域反恐大数据元数据动态知识图谱

该技术结合反恐大数据来源广泛、格式异构、地域分布广、节点动态增减的特点，参考公安部门数据元体系的设计思路和实现方法，提出多源异构高维分布反恐大数据的动态语义识别方法，建立基于元数据的动态知识图谱；进一步研发反恐数据语义识别分析工具和关联融合处理工具，为实现数据语义关联融合，建成区域反恐大数据综合资源库提供核心元数据体系支撑。

(3) 基于复合救援路径的区域反恐应急资源配置优化及调度技术

该技术针对区域重点部位突发事件差异化应急处置的多样化、时变性的复杂需求，分析各类区域应急处置资源（人力、装备、物资）动静态分布、储备特点和储备时空约束集，优化面向各类区域重点部位的差异化应急资源布局；研究区域重点部位复合救援路径多样拓扑结构和交通状态的周期性变化规律，提出复合救援路径可靠性时变分析和应急资源配置优化的时变分析技术，满足区域重点部位应急资源布局的动态调整。

(4) 多粒度区域暴恐事件主动防控预测模型体系

该技术为解决现有反恐情报模型普遍存在的适用场景单一、预测能力不足、以被动应对为主、难以满足实际业务需要等问题，提出以主动防范为目标的区域暴恐事件主动防控预测模型体系。该体系利用机器深度学习模型实现反恐防控要素多粒度精确预测，具有多要素、系统化、前瞻性的技术优势。该模型体系从区域、场所、个人等多个角度，可为暴力恐怖活动预测、网络涉恐犯罪管控、社会安全态势风险评估等基层反恐工作提供精准的预测预警服务，实现以预测预警为主导的"主动防控"。

9.3 健康医疗大数据

随着高科技诊疗手段和智能化设备的普遍使用，医疗领域产生的数据也呈指数级增长态势，在对医疗领域大数据进行挖掘与分析的基础上，发现数据中隐藏的规律，最终可为辅助医院管理和临床决策提供支撑。

9.3.1 健康医疗大数据概述

与商业领域的数据挖掘不同，医疗系统的数据挖掘主要分为两类，一是医院管理，二是临床决策。医院管理主要是对医院内药品使用情况、管理的流程等进行分析；而临床决策则是辅助医生在诊治中的决策。大数据对医疗行业产业链的支撑如图9-2所示。

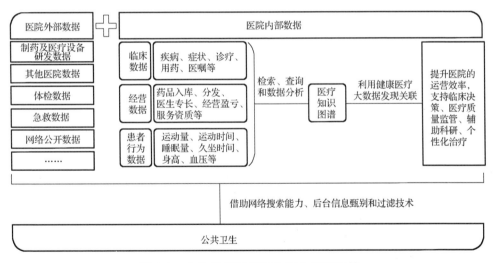

图9-2 大数据对医疗行业产业链的支撑

2016年，国务院办公厅印发《国务院办公厅关于促进和规范健康医疗大数据应用发展的指导意见》，指出到2020年，建成国家医疗卫生信息分级开放应用平台，实现与人口、地理等基础数据资源的跨部门、跨区域共享，在医疗、医药、医保和健康各相关领域数据融合应用上取得明显成效；统筹区域布局，建成100个区域性的临床医学数据示范中心，基本保障城乡居民具有规范化的电子健康档案和功能完备的健康卡；不断完善健康医疗大数据相关政策法规、安全防护、应用标准体系，基本建立适应国情的健康医疗大数据应用发展模式，初步形成健康医疗大数据产业体系。2018年，国家卫生健康委员会发布了《国家健康医疗大数据标准、安全和服务管理办法》，进一步对健康医疗大数据进行标准化管理，对"互联网+健康医疗"发展进行引导。

在具体技术应用层面，国外已经有医疗机构运用大数据技术来实现疾病预测；国内医疗机构的大数据运用还不成熟，排在最前的问题就是采集难、数据量小等。数据采集是大数据技术的基础，在数据采集与标准化过程中，下一步需要从以下几个方面着手。

(1) 临床医疗数据库的构建

以病种为中心，建立完整的诊断、治疗和随访的统一信息系统。

(2) 临床医疗数据的集成

建立统一的数据管理中心，对接各个孤立的信息系统，尽可能消除信息孤岛。

(3) 非结构化临床医疗数据

建立标准化的半结构化或非结构化的数据录入和查询系统。

9.3.2 健康医疗大数据的特点

在临床医疗数据挖掘中，有效基础数据不足将会影响最终效果；如果数据不完备，分析得到的结果就失去意义。有效的基础数据应当具备全面性、准确性、标准化等3个特性。能够应用于实际的临床决策辅助系统，需要符合以下几个特征。

一是采集的数据要全面，不仅要包含业务范畴内对应业务产生的数据，还要包括对患者、工作人员、医院资产等所有对象的管理数据。

二是治疗过程要全过程跟踪，采集数据以患者和医生为中心，治疗过程要数字化；对于医生，要围绕医嘱实现治疗的全程数字化处理；对于其他工作人员，要采用全过程数字化管控，做到可回溯。

三是管理对象可控,需要建立主索引及以数据为核心的数据库,以方便管理者对所管辖的对象本身及该对象运行过程中产生的数据进行管理。

四是要标准化,采集的数据必须进行标准化处理,标准化是数据利用的前提。比如,建立全国统一标识的医疗卫生人员和患者的 ID 号、医疗卫生机构的数字身份等。

9.3.3 健康医疗大数据的应用

医疗体系的数据类型众多,同一组数据中往往同时包含结构化和非结构化数据,对数据的分类和抽取比较困难。对健康医疗大数据的挖掘不可能一步到位,要先抓住基础数据特征较好且业务需求较大的主题数据进行分析,而后逐步延伸。临床医疗大数据的挖掘与分析将在理解人类疾病、个性化诊疗、智能临床决策等方面得到应用。健康医疗大数据应用方向如图 9-3 所示。

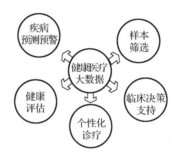

图 9-3 健康医疗大数据应用方向

(1) 样本筛选

样本筛选是指综合评价临床医疗大数据中的大量人群信息,从中挑选具有代表性的信息,提取相应的样本数据,如图 9-4 所示。

为了能够确定哪类人群容易感染某类疾病,可以基于人群的病历档案对数据进行挖掘与分析。例如,可运用高级分析法来确定哪类人得糖尿病的风险比较高,从而提前接受预防性治疗。类似的应用还包括帮助患者从现有的治疗方案中找到最高效、最经济的方法。

图 9-4 样本筛选过程

(2) 临床决策支持

临床决策支持系统能够提升医生工作效率和诊疗质量。临床决策支持系统将医生输入的数据和已有指导病例进行比对，如图 9-5 所示，避免医生因粗心而引发医疗事故，如药物过敏等。同时，得益于语音处理和图像处理技术的逐渐成熟，大数据将使医生的决策更合理。此外，借助于临床决策支持系统，可将治疗时的大部分例行性工作交给护士和助理处理，减少了医生的咨询工作时间，从而让医生从事更加重要的治疗工作，以改善治疗效果。

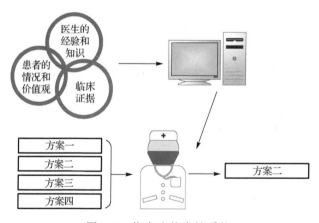

图 9-5 临床决策支持系统

(3) 健康评估

健康评估是医生通过全面综合分析患者的病历数据和身体指标数据，进而分析、比较、研判各种预防措施的效果，从而找到针对某个特定患者的最优治疗方法，如图 9-6 所示。

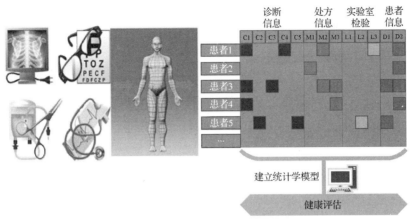

图 9-6 健康评估

比较效果学研究指出，即使是同一患者，采用不同的医疗护理方法或就诊于不同的医疗机构，不仅治疗的成本存在较大差异，治疗的效果也不尽相同。国外有很多医疗机构，如英国 NICE、德国 IQWIG、加拿大普通药品检查机构等，已经开始了临床评价项目研究，并且取得了一定的成果。然而，目前国内仍然存在一些困难，如数据兼容问题、用户信息保密问题等需要克服，另外还存在如何实现不同单位间配合的体制问题。

(4) 疾病预测预警

疾病预测预警示意图如图 9-7 所示。

2015 年，美国食品药品管理局批准移动医疗应用系统上市。该系统可通过移动设备对糖尿病患者的血糖含量进行实时远程监测，是第一个能够和动态血糖监测系统一起使用的可移动医疗应用系统。

糖尿病到目前为止还是不可根治的疾病，需要依靠患者对血糖的自我监测来控制病情。血糖测量仪和移动终端的普遍使用，使患者能够更方便地监控血糖的水平，从而及时调整降糖药的用量。

动态血糖监测系统的血糖检测与传统的血糖检测不同，它能实时监测患者的血糖，根据监测结果制定针对性降糖计划，同时还可实时反馈治疗效果，作为传统血糖监测手段的补充。

早期预测流感危害程度的计算模型在流感防控策略上具有十分重要的应用价值。当某种疾病的发病率高于正常期望值时，则被认为出现了流行病。运用以大数据技术为代表的现代技术预测流行病十分必要。

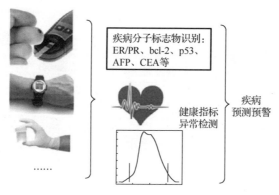

图 9-7 疾病预测预警示意图

预警系统可以从网络上获取公开信息,通过对大规模信息源持续不断地进行数据收集,采用大数据算法对海量数据进行动态分析,从而预测部分严重流行疾病(如 H1N1 病毒和 Ebola 病毒导致的疾病)的爆发时间。

(5)个性化治疗

个性化治疗是指分析、研判大量数据集,从而实施治疗。例如,通过分析基因组数据确诊易发病,该方法通过分析特定个体是否容易发生特定疾病、对特殊药物的敏感度和遗传变异之间的关系,将个人的遗传变异因素考虑到治疗中。如图 9-8 所示,相同症状的患者根据不同特征采用不同治疗手段,能够有效减少治疗费用。

个性化治疗可显著改善医疗效果,在患者出现症状之前,通过数据分析进行针对性的检测,从而及早治疗。目前,个性化诊疗仍处于起步发展阶段,但美国专家已经在某些具体治疗方案中通过减小药量达到了减少 30%～70% 治疗成本的目的。

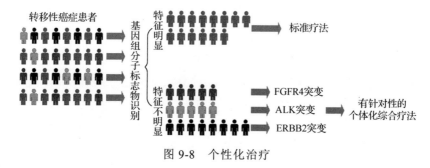

图 9-8 个性化治疗

9.4 粮食物资大数据

在我国众多传统行业中,粮食物资行业始终占据至关重要的基础性地位,但其信息化发展水平却并不理想。当前,大数据技术的突破,为粮食物资行业全面升级注入了新的动力。如何借助大数据发展的契机,加快提高传统粮食物资行业的信息化水平,确保粮食物资行业健康有序发展,是现阶段我国粮食物资行业建设发展的重要课题。

9.4.1 大数据对粮食物资行业的影响

借助于不断突破的软/硬件设备和技术及广泛覆盖的信息网络终端,粮食物资的生产、流通、监管将在大数据的驱动下发生前所未有的变化。

(1) 粮食生产领域

大数据与粮食物资行业的深度融合运用,有助于实时掌握和综合分析与粮食生产相关的多项数据,包括各地区的供需数据、价格数据、粮食储备数据等,从而使各级相关部门能够及时准确把握市场需求,为合理优化粮食种植结构提供判断依据,大大降低因粮食种植结构不合理造成的粮食紧缺情况和价格大幅波动,保障农民获取应有的经济收益,并根据市场需求,调动农民的种粮积极性。通过对粮食物资大数据的深入挖掘,还能把控市场对粮食产品的多元化、个性化需求,抓住供给侧结构改革的契机,在保证粮食产品安全的前提下,进一步发展中高端粮食产品,丰富粮食产品种类,提高粮食产品附加值,增强其市场竞争力。

(2) 粮食流通领域

大数据与粮食物资行业的深度融合运用,有助于提高粮食产品物流仓储的信息化水平,确保粮食收储、存放、集散等环节科学高效运转。借助物联网和大数据技术发展可建设现代化粮食仓储物联网系统,全面推进粮食仓库智能化升级改造。国家出台相关政策,鼓励现有粮食经营企业和个人积极探索新型粮食经营业态,充分利用便捷的物流配送和电子商务资源,为粮食产品的市场流通持续良性发展提供了新思路、新方法。

(3)粮食监管领域

大数据与粮食物资行业的深度融合在粮食管理、粮情监测预警、粮食质量监测等方面都将发挥重要作用。通过实时采集的粮食物资数据信息，监管者能在第一时间发现粮食生产过程中出现的问题，为及时响应突发情况提供了宝贵时间。加强对粮食物资行业各环节的全程监管，确保粮食质量，杜绝达不到食品安全标准的粮食流入市场。另外，粮食管理部门可以借助大数据信息服务平台，及时公开各类粮食储量、价格、需求等信息，将市场在资源配置方面的基础作用加以充分发挥。

9.4.2 粮食物资大数据的国内外现状

1. 国外现状

目前，各国都逐渐认识到大数据技术在粮食物资行业发展中扮演的重要角色，相继出台配套政策，加快提升粮食行业信息化水平，希望通过技术创新手段驱动农业的转型升级。

英国制定了"粮食技术战略"，提出将大数据等信息技术应用于粮食生产的各个环节，实现向"精准农业"迈进，基于传感和空间地理技术，实时采集粮食生产各环节数据，为精准科学地开展种植和养殖生产奠定基础。

美国政府将政府投入与资本市场运营相结合，大力扶持大数据企业投身到粮食物资行业信息化发展建设中；积极探索大数据技术在粮食生产领域的应用价值，通过基础网络建设和粮食物资行业信息资源开放共享等方式，从多个维度进行粮食物资行业大数据发展建设，构建国家级粮食物资大数据中心，有力提升粮食物资行业整体信息化水平。

德国将"数字农业"作为现阶段粮食物资行业建设发展的重要推手，基于大数据和云计算技术，实时采集天气、土壤、降水、温度、地理位置等与粮食生产密切相关的数据，通过云端处理，将分析结果作为开展精细化生产的依据，不仅提高了粮食生产效率，还降低了生产成本。

2. 国内现状

2016年11月,国家发改委和原国家粮食局印发了《粮食行业"十三五"发展规划纲要》,提出将数据作为信息系统开发和建设的中心,建设国家级粮食物资大数据平台,进而带动省级数据中心建设,制定统一的粮食物资数据开放共享标准,提升粮食物资数据资源开放水平,扩大大数据技术在粮食物资行业中的创新应用,最大限度地发挥粮食物资大数据的价值。

2017年2月,原国家粮食局印发《粮食行业信息化"十三五"发展规划》,指出要实施粮食物资大数据战略,系统构建粮食物资大数据采集体系,加强粮食物资大数据管理,完善开放共享机制,进一步推动粮食物资大数据应用进程,并提出国家级、省级粮食管理平台和数据中心建设工程等任务。到2017年年底,我国粮食物资行业的信息化顶层设计工作初见雏形,大数据采集体系建设初见规模,粮食物资行业的信息化技术、产品以及服务逐渐完善丰富,构成了以"一卡通""数字粮库"为典型代表的信息化产品体系。

在粮食物资大数据建设方面,粮食物资管理平台建设工作已在国家层面启动。30个省级管理平台正在有序建设,山东、江苏、安徽、河南等省份的平台已基本建成并投入使用。保有的"一卡通"系统超过1万套,投入使用的"数字粮库"系统近1000套,同时有超过3500套在建。其中,江苏省在全国率先打造了智能粮库与云平台,为粮食物资大数据下一步的挖掘、分析和应用,进而对宏观调控和市场安全保障提供了有力借鉴和支撑。

另外,大数据在粮食安全方面得到了有效利用。借助于大数据,国家保障粮食安全不再是基于历史数据进行事后调控,而是以粮食安全的各方面要素为中心全面收集粮食安全相关数据,对数据间的相关关系进行分析,研判事物发展之间的内在逻辑,从而对粮食安全走势做出精确预测,进而做出实时、精准的调控,全方位、多领域、多层次保障国家粮食安全。目前,国家和地方政府在粮食生产管理系统、粮食交通物流系统、粮食储备调控系统、粮食安全监测预警系统等方面的研究与建设都投入了大量的资金,该项工作仍处于起步阶段,相关数据的收集、系统的建设、组织层面的对接协调仍在持续稳步推进。

9.4.3 粮食物资大数据的发展趋势

1. 应用方向

(1) 监测预警

大数据驱动模式下的粮食安全信息能够全面、及时、准确地找到警源，进而发布预警信息。以层次分析法结合客观赋权方法可以确定粮情预警指标体系。在专家知识、粮情灾害防治理论及相关资料的基础上，结合粮情大数据资源池，采用多源异构数据挖掘与分析技术，可综合处理粮情数据，提取粮情预警知识规则建立知识库，建立粮情风险预警模型，实现对粮情变化趋势的预测，以及对不正常粮情的准确定位。

(2) 欺诈检测

粮库欺诈行为涉及诸多方面，历史典型案例层出不穷，总体表现为在粮食数量和质量方面弄虚作假，因而反欺诈对象范围可初步确定为人为因素所致的粮食数量和质量异动，数据范围则是与此相关的粮库人员参与行为所产生的痕迹信息，主要研究粮食"清仓查库"反欺诈的关键技术，包括针对欺诈行为的数据挖掘和自动知识获取方法、特征定义的选择、建立特征分类模型的算法、数据与特征模型的匹配算法等。

(3) 质价分析

基于影响粮价的相关因素建立多变量线性回归模型，获取计量模型的权重参数，从而确定诸多影响粮食价格的重要因素。在确定影响粮食价格的重要因素的基础上，综合主成分分析方法和极限学习机方法建立粮食价格预测模型，预测价格走势，同时在尽量保持预测准确性的基础上，优化预测结果以提升算法的性能，进一步将粮食价格细分，达到对粮库粮食质价分析的目的。粮库可据此对即将入库的粮食进行质价评估，预算企业盈亏。

(4) 舆情预警

整合和利用互联网上的粮食安全舆情资源，有效掌握网络上粮食舆情的内容和特点，研究多视角分析、短文本语义计算、复杂网络分析和传播计算、大数据存储与融合计算、舆情可视化呈现等多项关键技术，从有关粮食安全的互联网舆情资源中抽取有用知识，从而有效地将粮食舆情系统切实应用起来,是政府和企业进行管理决策,应对、防范粮食不安全事件发生的必要任务。

2. 面对的问题

(1) 数据收集问题

粮食物资大数据的收集涉及统计信息技术和收集人员素质两个方面的问题。统计信息技术方面,现有的信息技术还不能满足对粮食物资大数据在更广范围、更深层次上的收集,信息技术水平有待提高。收集人员素质方面,农民是未来粮食物资数据收集和上传的主体,但基于我国小农经营的生产模式使粮食生产分散,各类粮食企业规模较小、力量薄弱,农民科学文化知识少、信息素质落后等因素,粮食物资行业的数据收集工作困难重重。虽然物联网、传感器等信息技术得到了广泛普及,但是对于基层农民和企业来说,使用这些信息技术帮助收集数据还具有很大的困难。

(2) 数据整合问题

一方面,我国粮食物资数据收集工作分布在农业部门、粮食部门、统计部门、商务部门等,各个部门的数据收集工作相对独立,缺乏统一标准,数据有大量冗余,难以整合和共享,导致数据利用率低。另一方面,粮食物资数据具有非结构性、非关系型和非交易型的特点,难以构建成统一的查询系统。分布式计算和并行数据库融合将成为解决粮食物资大数据各种技术问题的关键点。

(3) 数据分析问题

数据的分析和利用是大数据技术运用的关键所在。在大数据时代,数据量庞大、鱼龙混杂,过去的数据处理范式已经无法适应。粮食物资大数据分散在不同的部门和地区,如何把采集的信息数据化,如何对海量数据进行分类整理,如何处理非结构化数据,运用何种算法和模型对数据之间的相互关系进行分析、挖掘数据价值、趋势预测,这些都是大数据时代对传统信息技术提出的挑战。

(4) 信息安全问题

粮食物资大数据发展水平对保障国家粮食安全至关重要。大数据运用是一把双刃剑,面临信息安全问题,信息如果没有被合理规范管理,将面临非常严重的数据危机。一方面,信息可能被不法分子获取或恶意利用,而且对冲基金和投机资本家可能会根据产量信息对粮食贸易进行投机。另一方面,若某些国家把大数据视为对外战略,则可能通过释放大量的错误数据扰乱我国对粮食物资大数据的理解和运用,导致预测偏离正确方向,做出错误决策。

3. 技术发展方向

(1) 粮食采集感知技术与设备

① 粮食品质微波检测方法与装置:基于谐振超材料的场增强效应,利用微波波谱技术开展粮食品质的快速无损精准检测方法研究。

② 粮食物联网数据感知技术与设备:针对典型粮食生产与流通环境开发相应的传感器支持平台及其部署方案,能够支持传感节点长期稳定运行。

③ 粮食互联网数据 Web 爬取技术:研究基于 SCRAPY 的大规模分布式爬虫集群,用于互联网平台的粮食物资数据采集。

④ 粮食数量、质量高并发数据采集技术:设计基于 SOA 模型的数据服务与应用相分离的高可用采集三级(库点—省级平台—国家级平台)网络构架。

(2) 粮食物资大数据存储模型与技术

① 粮食物资大数据预处理技术:研究 ETL 技术,实现粮食物资大数据空值处理、规范化数据格式、拆分数据、验证数据正确性、数据替换、主外键约束等数据转化。

② 关系数据模型的可扩展性分析:主要研究关系模型对分布式存储的扩展、关系模型对非结构化大数据的扩展及扩展后的关系模型的索引结构设计。

③ 图数据模型及索引结构设计:主要研究高扩展性图数据模型设计及索引结构优化,支持复杂查询的图数据索引结构设计及支持若干分析任务的图数据索引结构设计。

(3) 粮食物资大数据分析理论与技术

① 分布式存储和计算框架的选择与融合:研究面向数据挖掘的分布式存储和计算框架,旨在对已有的开源中间件根据数据特征及算法需求进行选择,并无缝融合成统一的存储和计算框架,如图 9-9 所示。

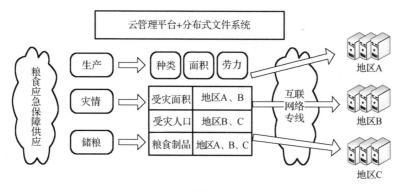

图 9-9　分布式存储和计算框架

② 粮食轨迹数据挖掘算法与模型：研究粮食轨迹数据噪声过滤算法，并考虑轨迹的结构特征，研究高效的轨迹压缩算法。

③ 粮情监测预警和智能分析决策大数据技术。研究海量异构数据的统一开放服务技术，实现数据共享支撑协同联动与管理；研究面向粮情监测预警的时序模式挖掘算法，提高粮情监测的准确性与实时性；研究面向智能分析决策应用的半监督学习分类算法，为粮食收储数量/质量追溯、"清仓查库"反欺诈等应用服务提供云计算技术支撑；研究基于 SPARK 内存计算技术的大数据计算框架，为实现粮情监测预警与智能分析决策提供大数据分析处理与云计算框架支持。

④ 基于深度学习的粮库模型三维综合方法：研究粮库三维模型特征及其分布规律，基于深度学习技术，实现对纹理、几何模型、区域分布特征的自动提取及分类，有针对性地提出不同分类特征条件下模型综合的规则与约束，实现基于纹理表征、几何描述及合并/典型化的模型综合算法，并基于视觉相似度检验所设计的综合算法。

9.5　智慧营区大数据

9.5.1　智慧营区大数据体系架构

智慧营区大数据实现了智慧营区的全系统、全业务、全信息数据汇总和集成存储管理，提供了大规模并行数据分析，可为管理者提供决策支持，是智慧营区的记忆中枢和决策中枢。智慧营区大数据的概念模型如图 9-10 所示。

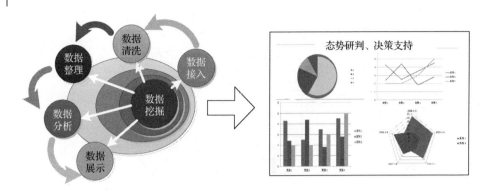

图 9-10 智慧营区大数据的概念模型

智慧营区大数据在采集、存储原始数据的基础上，对大数据去粗取精、去伪存真，挖掘有价值的信息，并通过计算分析以可视化方式展现，辅助态势研判和决策分析。

1．体系组成

智慧营区大数据体系由网络、设备和系统 3 个部分构成，如图 9-11 所示。

其中，网络是数据采集、传输的载体；设备是运行在网络之上的各类硬件实体；系统是对营区大数据进行采集、处理，支撑顶层应用及可视化展现的软件平台。

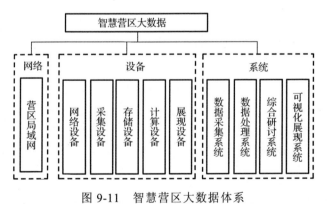

图 9-11 智慧营区大数据体系

2．体系框架

智慧营区大数据体系架构的逻辑层次结构一般包括数据采集层、数据计算层、数据存储层、数据服务层、数据分析层、数据展现层等，如图 9-12 所示，给出了各逻辑层次涉及的相关关键技术与主要工具。

应用层	分析隐含关系	发现趋势和预警	挖掘领域热点	洞察潜在事件
数据展现层	数据可视化	报表系统	交互式分析	实时仪表盘
	Tableau、Echarts.js、d3.js、Plot.ly、Excel等			
数据分析层	统计分析 (BI、SPSS、Matlab)	数据挖掘 (Mahout、RapidMiner)	离线批处理 (MapReduce)	实时计算 流式计算 (Spark) (Storm)	搜索引擎 (Nutch、Solr、ElasticSearch)
数据服务层	资源组织	按主题管理	按专题管理	数据共享	多数据源连接
	YARN、Zookeeper、Mesos			
数据存储层	关系数据库 (Oracle、SQL Server、MySQL、达梦、金仓等)	NoSQL/NewSQL数据库 (MongoDB、Keyvalue数据库)	分布式文件系统 (HDFS)	内存数据库 (memDB)
数据计算层	数据预处理工具 (Excel等)	数据清洗工具 (OpenRefine、DataCleaner)	数据质量管理工具 (Talend)	
数据采集层	ETL数据抽取 (Hive、Sqoop)	服务器日志采集 (Flume)	文本数据采集 (定制工具)	基于模板的数据采集 (定制模板、工具)

图 9-12　智慧营区大数据体系架构

（1）数据采集层

数据采集层的作用是将各类业务领域数据从外部数据源导入大数据平台的数据缓存区，以备计算、分析使用，并且针对不同类型、不同时效要求的数据采用多种不同的技术和工具。

（2）数据计算层

数据计算层主要包括数据预处理、数据清洗和数据质量管理等工具。

（3）数据存储层

数据存储层是在对大数据进行清洗、转换、关联、标识、集成等步骤之后，根据数据的使用方式等采用不同的分布式存储技术进行存储，以保证整个数据环境具备高度的伸缩性和扩展性，主要的存储方式包括关系数据库、NoSQL/NewSQL 数据库、分布式文件系统和内存数据库。

（4）数据服务层

数据服务层主要实现数据管理和数据共享两项功能。通过数据管理，可整合内外部各类业务领域数据，建立不同主题、不同维度的资源库、主题库、专题库，实现横向集成、纵向贯通、共享的一体化资源库。数据共享服务采用组件化的设计模式，保证各组成模块的松散耦合，可以无限制扩充，从而实现与其他系统模块的无缝集成。

(5) 数据分析层

数据分析层主要提供数据挖掘、知识图谱、相似性分析、多元关联、机器学习、行为分析、智能推荐等数据分析支持。

(6) 数据展现层

数据展现层根据不同的业务需求，提供各类业务领域数据、分析结果的综合、多样化可视化展现服务。对于复杂实体数据，可提供数据对照表及散点图、饼图、雷达图、仪表盘、矩形树图、树图等二维/三维图形显示，还可提供交互式信息显示、复杂信息关联显示、动态数据对照显示等。

9.5.2 智慧营区大数据的特点

从数据到大数据，看似只是一个简单的技术演变，但两者本质上有很大的差别。大数据的出现必将颠覆传统的营区数据管理方式，在数据来源、数据处理方式和数据思维等方面都会带来革命性的变化，具体体现在以下几个方面。

(1) 数据规模

营区内各类传感器及网络的架设，以及日常产生的海量管理和业务数据，使得营区大数据规模远大于传统数据库的数据规模。

(2) 数据类型

智慧营区大数据既包含结构化数据，也包括半结构化、非结构化(如音频、视频等)数据，且后两种数据所占份额甚至超过结构化数据。

(3) 模式和数据的关系

传统数据库先有模式，再有数据；而智慧营区大数据在大多数情况下由于很难预先确定模式，模式往往在数据产生后确定，而且模式会随数据量的增长而不断演变。

(4) 数据处理工具

传统数据库只需要一种或几种典型工具即可应对数据处理，而智慧营区大数据的处理工具有多种，且与应用密切相关。

在战略意义上掌握规模庞大的数据信息并不重要，大数据的意义在于对这些大规模数据进行挖掘、处理、加工，最终实现数据增值。物联网及数据采集工具逐渐多样化，功能逐渐完善，营区将积累越来越大的数据量，可实现对营区越来越精确的描述，与营区数据相关的应用将是未来智慧营区大数据建设的重点方向。

9.5.3 智慧营区大数据的应用

智慧营区大数据的应用按照不同方向可大致分为数据挖掘、智能分析、安全管控。

1．数据挖掘

数据挖掘是将隐含的、不为人知的，同时又潜在有用的信息从数据中提取出来，以发现某种规律或某种模式。

智慧营区数据挖掘的三维模型如图 9-13 所示，三个维度分别是数据源（包括营区人员、装备、管理、业务数据等）、业务功能（包括人员管控、营区建设、综合研判等）、挖掘算法（包括统计、机器学习和神经网络方法等）。

在营区人员、装备、管理、业务等数据的基础上，借助于挖掘算法，最终可实现与业务功能紧耦合的数据挖掘，为营区建设、态势综合研判等提供科学支撑。

2．智能分析

智能分析基于计算机视觉功能，综合运用图像处理、目标检测与跟踪、模式识别等技术，检测分析视频中出现的目标，最终实现图像质量诊断、人脸识别、车牌识别等功能。

智能分析技术可从两个角度进行理解：一是通过前景提取等方法，检测画面中物体的移动，基于预设规则区分物体的不同行为，如物品遗留、出界等。二是基于模式识别，对重点目标进行有目的的针对性建模，最终支持对视频中特定物体的识别检测，如车辆检测、人流统计、人脸检测等。

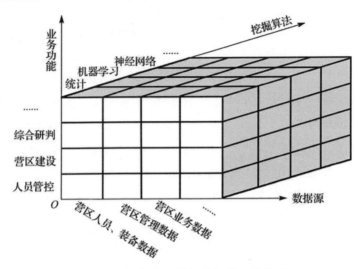

图 9-13　智慧营区数据挖掘的三维模型

以营区中的视频分析为例,用户在不同视频场景中预设不同的报警规则,一旦关心的目标在场景中出现了违反预定义规则的行为,系统就会自动报警,便于用户及时采取相关措施。

3．安全管控

安全管控指利用大数据技术对营区的人员、装备实施有效管理,预防突发事件,消除隐患,确保营区安全稳定。

例如,在大数据基础上,借助生物识别技术,对人体固有的身体特性,如指纹、人脸、虹膜、脉搏、声音、步态等进行采集、比对、分析,从而在营区安全管理的以下应用场景中发挥巨大作用。

(1) 防止官兵蒙混过关

防止假扮成官兵的间谍或敌特分子出入军事管理区,进出官兵只有在基于大数据分析的生物特征(如指纹、虹膜)被授权确认后才允许通过。

(2) 有利于重要库室的规范化管理

采用"人-生物特征-生物识别"设备代替传统的"人-钥匙-锁",非管理人员将无法非法进入重要库室,提高了管理的安全性、可靠性。

(3) 确保巡更制度的落实

传统的巡更是"人+笔+哨位登记本"模式,如果以生物特征作为签到方式，则系统将准确记录巡更时间和巡更者身份，根除补记、漏记、代填等弄虚作假现象。

9.5.4 智慧营区大数据的发展趋势

1. 服务智能管理

智慧营区建设的最终目的是实现营区要素数字化、营区设施智能化、信息资源网络化和日常管理可视化。智慧营区的"智慧"建立在对大量数据进行挖掘与分析的基础之上，在智慧营区的智能管理中，大数据将发挥基础性的核心作用。

基于大数据的智慧营区能够有效实现营区的"可感、可知、可视、可控"，有力提升营区智能化管理水平，如图 9-14 所示。大数据对智慧营区的支撑将集中反映在以下方面：物联网接入（包括平台接入、参数采集、视频采集、远程控制）、研判分析（包括数据分析、预测预警、系统联动、三维展示）、指挥调度（包括资源调度、预案管理、应急一张图）、可视化管理（包括大数据分析、可视化展现）。

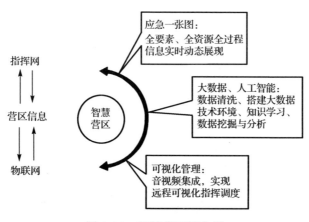

图 9-14 智慧营区概念图

2. 面向备战利战

兵者，战、守、迁，皆施于营垒。军营是备战的地方，因此营区建设必须坚持"建为战",一砖一瓦都要符合战备要求,一楼一舍都要贯彻作战理念,让营房设施设备具备打仗功能、拥有战斗气质,成为日常训练的最佳场所。大数据在实现"建为战"的目标中将为营区建设铺设坚实的数据和技术基础,为实现营区的战斗属性提供支撑。

如何按照战备需求建设营房?怎样推动营房建设成为战斗力提升的"加速器"?在营房改造和转隶交接中,如何提高营房的战斗性?我们认为需要以军队现代化建设要求和新时期使命任务为牵引,注重顶层设计和宏观统筹,强化营区内高新武器装备及设施配置,对于实战化联合训练需求优先进行建设。然而,实现合理的体系布局不能空凭经验,需要在对军队和地方的大量建筑设计方案、建设数据、军队战争历史数据、军队战斗力数据等分析研判基础上,借助于合理模型做出预测和决策,功能的划分、武器装备平台的设置、营区各要素物理及逻辑上的相对关系都需要经过精细准确的计算。

第 10 章
大数据的未来——缤彩纷呈

大数据浪潮以摧枯拉朽之势滚滚而来，大数据已经给社会各行业和人类生产生活带来了巨大变革，在可以预知的未来，在政府部门的引领和企业的推动下，大数据技术必将进一步深入发展，并持续对世界社会经济各领域产生重大而深远影响。

10.1 科技发展趋势

《2019 年国务院政府工作报告》中提出打造工业互联网平台，拓展"智能+"，为制造业转型升级赋能，支持企业加快技术改造和设备更新。这是继"互联网+"被写入政府工作报告之后，"智能+"第一次出现在政府工作报告中。作为国家战略的人工智能和大数据正在作为基础设施，逐渐与产业融合，加速经济结构优化升级，对人们的生产和生活方式产生深远的影响。

10.1.1 大数据驱动新一代人工智能

人工智能已发展了几十年，大数据推动了第 4 次人工智能浪潮的出现。在计算机科学领域，人工智能被定义为"智能代理 AI 和大数据完美结合"的研究。

新一代人工智能实现了 5 个方面的跃升：一是从人工知识表达向大数据驱动的知识学习跃升；二是从分类处理的多媒体数据向跨媒体的认知、学习、推理跃升；三是从智能机器向高水平人机、脑机协同融合跃升；四是从个体智能向基于互联网和大数据的群体智能跃升；五是从拟人化机器人向智能自主系统跃升。新一代人工智能是建立在大数据基础上的人工智能，大数据的发展将为新一代人工智能插上腾飞的翅膀。

大数据思维强调事物间的相关性而非因果性，强调全体样本而非采样数据，强调简单算法强于复杂算法，新一代人工智能的 5 个跃升与大数据思维不谋而合。通过基于大数据的机器学习来搭建人工智能框架，将不再需要通过显式编程来控制计算机，而是向计算机提供学习框架，引导计算机在当前参数基础上获取环境反馈进而更新参数，达到自主学习的效果。人类把大量数据"喂"进机器，机器通过不断自主学习，不断优化自身参数获取解决问题的理想模型。随着机器学习模型先进性的增强及机器数据处理能力的不断提升，基于大数据的新一代人工智能正在外推、异常检测、贝叶斯估计、自动化计算密集型人类行为、图形原理及模式识别等技术中大显身手。

在过去 10 年间，建立在大数据基础之上的人工智能已在多领域，如在线广告精准投放、搜索引擎个性化网页排序、电商的个性化商品推荐、社交网络的好友建议、人脸识别、图像识别、自然语言理解、机器翻译、语音识别、汽车自动驾驶等领域声名鹊起。在可以预见的未来，新一代人工智能将在大数据的驱动下渗透到人类社会的方方面面。

10.1.2 科技改变生活

纵观人类历史，科技进步的目标无不是为人类生活服务。大数据技术的发展进步，必然会带来新一轮人工智能的创新，"智能+大数据"渗透到人类生活中的范围越广，其对人类生活的改变也必将越显著。

人工智能的研发初衷即包含了使之具有类人的思维过程或智能化行动，因此，人工智能的自主学习能力一直在伴随技术的更新而不断增强。过去，由于受限于相对狭窄的信息渠道，人工智能的自主学习内容和范围受限，在大数据时代，信息爆炸及信息的高速传播带给人工智能更广阔的学习天地，智能化终端将进化得更加"聪明"。

自问世以来，计算机及其衍生品的智能化始终处在快速演进之中，人类与智能终端的交互模式从"键盘+鼠标"演进到触摸式。借助于大数据，人工智能技术更加彰显了计算机图像视觉、语音识别和自然语言处理等方面的优势，计算终端可以以一种更加接近人类思维和行为方式的模式与人交流，人与终端的交互将更加"人"性化。

当前人工智能在个人助理、智能安防、自动驾驶、智能教育医疗、电商零售等领域的应用正日益成熟，为人类提供了更加便捷的生活服务。大数据技术的发展进步，必将深刻而长远地改变并影响人类生活。

10.2 大数据产业发展趋势

10.2.1 市场需求

产业的发展离不开市场需求，旺盛的市场需求与产业发展相辅相成。大数据产业同样如此，对大数据产业的旺盛需求有力地推进了大数据产业的迅速发展。市场对大数据产业的需求主要来自以下几个方面。

(1) 信息技术企业

传统的信息技术企业多是被动接收用户数据信息。大数据产业通过与传统的信息技术企业融合发展、创新突破，将以往被动接收用户数据信息的方式转化为主动挖掘用户数据信息的模式，通过分析处理用户数据信息，为企业谋得更大利益。例如，在大数据应用较为成熟的电子商务领域，亚马逊、京东、淘宝等电子商务网站通过对用户的浏览记录、点击商品频率等数据信息的收集，分析得出最优的商品定价、商品上架类型，并在最恰当的时间段进行促销，以增加商品成交记录。大数据产业与传统信息技术企业的融合将使数据规模呈指数级增长，这就对数据分析软/硬件的性能指标有了更高的要求，将推动加快信息技术行业的发展步伐。

(2) 对数据依赖性较强的企业

诸如银行、证券、信托等对数据依赖性较强的行业，通常需要数据的保鲜。这类企业为了适应信息化发展需要，营销业务基本已实现电子化。但这也给企业带来了无法回避的现实问题：一旦企业的电子业务系统出错，企业的各项业务将会全部中断，造成不可估量的损失。因此，建立企业自己的数据中心是对数据依赖性较强的企业的无奈选择，但这远远不能满足企业对不断增长的数据量的存储需求，因而需要与大数据产业相结合，以满足企业对数据存储、数据备份等服务的需求。

(3) 潜在的大数据应用用户

潜在的大数据应用用户主要包括政府部门和医疗行业等。例如，目前大数据应用已在部分医疗机构展开，可以提供较为成熟的远程医疗服务——通过分析患者的日常病例数据得出医治方案，由此实现远程医疗。一些政府部门也通过数据公开共享和政务流程电子化等方式，简化以往烦冗复杂的流程，为政府部门工作人员和人民群众带来实质性的便利。

(4) 数据驱动型企业

传统的企业决策是以人的主观经验教训或人为自我判断，并结合样本收集的数据信息分析得到的结果为支撑的。在大数据时代，企业希望在大数据技术的帮助下做出科学、合理、清晰的分析决策，尤其要加强决策的精确性。相关机构经过调查研究发现，企业采取"数据驱动型决策"模式之后，能够显著提升其生产力水平，对比其他因素带来的提升，该方法能够高出 5%～6%。当前企业的决策方法在大数据的作用下有了新的创新突破，"数据驱动型决策"模式正在各行各业中得到越来越多的实际应用。

10.2.2 发展趋势

大数据产业凭借其开源、共享、开放的特性，不断实现产业的创新发展，庞大的社会资源在大数据产业牵引和带动下，在数据应用的驱使下，持续创新突破，逐渐开发出多样化的新兴商业模式，形成层次饱满丰富的大数据产业格局，构建了完整健康的生态体系。大数据产业已经并仍将在推动全社会发展的过程中发挥重要作用。

(1) 开源成为技术创新的主要模式

近年来，大数据技术在数据挖掘、数据存储与管理、数据分析处理、数据可视化等多个领域取得了突破性进展，相关技术应用广泛、成熟度高。放眼当前，大数据产业的基础技术架构已构建完善；着眼未来，大数据将聚焦于非结构化数据的分析处理。

纵观大数据技术发展史，诸如数据分布式存储技术、网格计算技术等大数据关键技术，均凭借开源共享模式实现了快速发展。通过建立开源共享的大数据技术交流平台，吸引了全世界开发人员进行技术交流，汇聚了全球顶尖人才的智慧，从而集思广益，共同推进大数据技术的发展。现今开源共享的大数据平台得到了越来越多企业的青睐，将在大数据技术的创新发展中起到更加重要的作用。

另外，得益于开放共享的开源模式，大数据技术逐渐与人工智能、云计算等其他先进的信息技术产生交集，各种技术互相借鉴，共同发展。

(2) 大数据聚集资源的能力更加明显

商业贸易、运输交通、城市管理等领域均已开始应用大数据技术，迸发出前所未有的创新活力，不断迎来崭新生机。大数据的未来前景被社会各界普遍看好，越来越多的社会资源开始向大数据产业汇聚，大数据产业对社会资源的聚集能力在其持续健康发展的过程中将不断增强。

目前，不少国家向大数据产业投入了大量资源，将大数据视为推进新一代信息技术产业突破发展的关键因素。欧美国家均把发展大数据产业放在国家重要战略的高度，俄罗斯、印度等国更是将实现经济跨越式发展的希望寄托于大数据产业。

众多小微企业纷纷投入人力、精力、财力开发应用大数据技术，众多创业者也紧紧围绕大数据产业展开创业。因此，众多智慧资源汇聚于大数据产业，使得知识密集成为大数据产业的重要特征，知识技能的高低决定了大数据产业发展的快慢。

资本市场也不断对大数据产业投入资源，各类金融资源向大数据产业持续汇聚。全球诸多企业近年来不断加大对大数据产业的资源投入，一方面，积极建设完善企业自身的大数据技术研究应用平台；另一方面，还借助企业并购等方式，扩展企业在大数据产业链中的布局。其中，众多紧紧围绕大数据产业展开创新创业的开拓者也吸引了诸多资本力量的关注，更容易得到资本力量的倾心投入。

(3) 数据和应用将成为驱动创新的主动力

大数据产业的基础技术架构现已初步构建完善，在开源共享的大数据平台的支撑下，大数据产业的技术壁垒已大大降低。虽然当前大数据产业在其创新发展中依旧要依靠相关基础技术，但基础技术的重要性已大不如前，数据驱动与应用驱动已成为大数据产业创新发展的重要推动力量。

数据驱动是推动大数据产业发展的一个主动力，其主要来自大数据产业的基础技术架构。在大数据产业的基础技术架构中，收集的数据的质量决定了大数据产业链中其他所有环节的工作质量。大数据产业链中的数据存储管理环节、数据处理分析环节、数据可视化环节等均与数据模式密切联系。当前，大数据产业重点关注的内容已不再是传统的结构化数据，大数据技术发展与应用方向已指向庞大的非结构化数据和半结构化数据。大数据产业创新的聚焦点将集中于多种形式的数据分析处理、繁杂多样的数据组合、多源的数据融合等。

推动大数据产业发展的另一个主动力是数据应用，其主要来自大数据产业的市场价值体系。大数据应用价值空间建立在对庞大数据的处理分析及数据的可视化能力上。大数据应用需求在不同应用领域中存在较大差异，造成了数据的处理分析方法及数据的可视化方法均存在差异。所以大数据应用聚焦的重心在于探寻切合实际不同应用需求的市场价值获取，大数据解决方案服务商在大数据应用的驱使下将采取不同的信息源，应用不同的数据处理分析方式，实现大数据产业的创新发展。

4) 商业模式伴随连接层次的加深不断创新

在大数据产业的基础技术架构中，海量数据是产业链各环节交互的核心，其核心价值也体现在产业链诸多环节的交互中，交互形式也在持续影响大数据产业商业模式的拓展创新。

大数据产业链中各环节的初级交互模式是数据源与数据中心的交互联系，进而形成了数据托管商业模式及数据贸易商业模式。相比于其他大数据产业商业模式，现今较完善和普及的商业模式便是数据托管模式，其核心是利用规模效益来减少海量数据的存储管理成本。大数据产业链的上下游环节通过数据交易实现整合，并促使产业链中横向的多种产业相互整合。

大数据产业链中各环节的中级交互模式是数据和市场价值的交互联系，进而形成了数据关系挖掘商业模式，以及利用数据沉淀价值的商业模式。当前较为流行的大数据产业商业模式就是数据关系挖掘模式，该模式通过处理分析相关数据，挖掘隐藏在数据中的各种联系，从而提供相关决策支持，实现精确服务。利用数据沉淀价值的商业模式通过利用传统上毫无价值的数据获得效益，在对这些数据进行处理分析的过程中，获得相关有价值的结论，这种商业模式体现了大数据的赋能思维。

大数据产业链中各环节的高级交互模式是市场需求和市场供给进行交互，进而形成数据交互O2O从线上到线下的商业模式。在此类商业模式中，网络中的各个节点由数据作为中介联系，大数据技术可以维持网络中各节点之间交互的稳定性和时效性，因此能够大幅减少市场需求侧和市场供给侧之间的交互成本。

10.3 经济发展趋势

大数据核心产业的发展促进了信息技术产业中诸如移动互联网、电子商务、通信服务等的发展。在"互联网+"、云计算、机器学习等产业的作用下，大数据应用逐渐渗透到智慧医疗、智慧城市、智慧家居等各个领域，驱动了整个社会的发展和经济生产，带动了经济转型升级。

10.3.1 全球趋势

"大数据"作为2018年达沃斯世界经济论坛年会的热词之一，得到了全世界的广泛关注，参会人员对大数据这一驱动经济数字化转型的推手表达了极高的兴趣。人类的未来生活将由于大数据的影响而产生重大变化，大数据必将作为一股巨大的力量推动未来科技和经济的发展。全球大数据产业将在可以预期的未来得到进一步发展。

1. 大数据市场规模持续增长

近年来，全球经济系统收集、处理分析、存储的数据量正在呈指数级增长，大数据产业发展浪潮席卷全球，大数据产业的市场规模也呈迅速扩大之势。

目前，全球数据总量年增长率约为40%，预计2020年数据总量将达到40ZB。在接受《经济参考报》专访时，阿里巴巴公司技术委员会主席王坚说道："在过去，人类发展留下了数据信息，但少量的数据信息尚不足以形成资源。然而，互联网时代产生的海量数据可以成为资源。"传统上，信息技术依赖于一般意义的信息处理分析模式，数据需要人工手动输入。然而，现在任意实体都会自动生成数据，数据流将改变企业运营的方方面面。

综合多家权威机构的预测数据,全球大数据市场规模将在2022年年底达到805亿美元,年均复合增长率达到15.37%。而中国大数据市场规模在2018年之后的5年(2018—2022年)内,年均复合增长率将达到27.29%。

2．产业应用成为大数据主旋律

逐步完善的大数据基础设施下,大数据发展的主方向将是针对数据的处理分析及商业智能工具。2018年,全球的大数据产业发展呈现多种态势,其中产业应用是其重点。

(1)开源大数据深入探寻商业化模式

在数据处理分析领域,由于闭源软件日渐萎缩,老牌IT厂商不得不逐渐向开源模式靠拢,寻求新商业模式的突破,提升系统动态集成能力,引导用户向开源和面向云的处理分析产品转变。

(2)大数据产业的处理分析应用开拓出新市场

大数据在各行各业的普及,带来了大量的行业大数据处理分析应用需求。在可以预计的未来,"预打包"将是面向行业及业务流程的大数据处理分析应用的主要形式,对于提供商而言,这将是规模巨大的市场空间。

(3)大数据细分市场规模进一步扩大

新的细分市场空间将随大数据技术发展而自然出现。例如,针对网络社交平台的数据专项分析、建立在基础数据处理分析之上的高级服务等。

(4)大数据提升了企业并购的规模和数量

未来几年,大型IT企业将聚焦于改进自身的大数据产品线,在此过程中会发生一系列并购行为,并购对象包括数据管理分析软件供应商、预测分析和数据呈现服务供应商等。

(5)催生新型大数据处理分析方法

2018年产生了革命性的新方法来进行大数据处理分析,许多传统的算法和基本理论可能出现根本性的突破。机器学习仍将是智能数据处理分析的核心技术。大数据分析领域将产生人工智能与脑科学相结合的研究热点。大数据应用发展较为领先的领域包括金融、电商、健康医疗、智慧城市等。以美国医药制造业为例,作为药物开发领域最前沿技术,机器学习借助现有环境信息及以往经验样本数据集来训练自己,以自动辨识不同化合物与靶点间的结合匹配情况。

(6)大数据和云计算将进行深层次整合

灵活的、可伸缩的基础结构支持环境及高效的数据服务模式是"云"的显著特点。大数据的出现为云计算开辟新商业价值提供了可能,大数据技术与云计算技术相得益彰,"大数据云"组合产生出"1+1>2"的商业价值。2018年是云计算技术与产业深度整合的起始点,云计算必将与诸多基础设施更加密切地结合。由于云计算在提升科技含量、提高运行效率上具有巨大优势,"云"在制造业和金融业将大量普及。

3. 大国政府与企业的行动

大数据产业的发展引起了全球诸多国家的广泛关注。美国希望基于大数据技术给国家治理、国防军事、生物医学等诸多领域带来突破,目前相关研究及发展计划涉及多个美国政府部门。

在过去几年中,全球大型独角兽数据公司频繁地在资本市场有所行动。自2015年起,Palantir公司就成为全球估值仅位于Uber公司和Airbnb公司之后的大数据领域的独角兽企业。Palantir公司也是美国情报机构数据产品的重要供应商,国防安全及金融均属于Palantir公司的业务范畴。

10.3.2 我国趋势

数字经济已成为我国经济发展的新引擎、新动能。数据显示,我国数字经济总规模在2018年上半年已达16万亿元。在2019年"两会"上,社会各界对数字经济给予了高度关注,《2019年国务院政府工作报告》中指出,要深化大数据、人工智能等研发应用,培育新一代信息技术、高端装备、生物医药、新能源汽车、新材料等新兴产业集群,壮大数字经济。其中,大数据将在以下两个层面实现助力。

一个是实体经济层面,要实施新一轮产业高新技术改造升级,运用大数据、云计算、人工智能等技术,对传统产业进行改造,提升其全产业链竞争力。大数据与实际产业的融合重点投射在工业及轻工业领域,具体聚焦于产业的智慧制造、智慧工厂等建设上,设备参数指标及生产监控、库存情况等都以数字为载体得以留存。企业管理者在上述数字信息基础之上,对生产活动进行智能化调控。

另一个是数字经济层面,该层面范畴较大,主要涵盖大数据、云计算、人工智能,涉及从数据采集到数据分析,再到数据应用的一系列产业链,还包括互联网与实体经济相结合的部分。其中,大数据是数字经济的源头,其对经济的促进和引领占据越来越核心的地位。一方面面向政务服务,包括政府内部行政服务及政府项目服务;另一方面则面向民生服务。大数据仅仅是一项技术,技术只有最终与业务结合才能发挥其效能。"新型智慧城市"近年来受到高度重视,并在多个城市被提上政府工作议程。当前,某些省、市正在开展的"智慧城市"建设,无一例外用到了大数据技术,多用于城市的科学智能管理,如监控管理、行政服务、办事大厅的处理效能提升和流程优化等。

未来需要在以下几个方面加强重视大数据,并加大投入。

(1)强化大数据在经济发展中的安全性

目前,虽然我国数字经济规模排在世界第二位,但是数据采集流程不规范、信息泄露、盗用等现象屡见不鲜,且尚缺乏相关法律法规作为有力的安全保障。体量规模的庞大与基础建设的不完善间存有巨大鸿沟。因此,必须加快制定数据安全法规和标准,同时构建安全防护体系。另外,必须加大大数据关键技术自主研发力度,提高市场力量参与的积极性,协同构建信息消费安全环境。

此外,在全球化贸易背景之下,与他国建立跨境数据安全合作组织十分必要,该组织职能应定位于引导跨境数据安全高效流通,推动国际数字经济良性发展,并依托该组织,努力发挥世界数字经济引领者的示范性作用。

(2)加快产业互联网发展

在2019年"两会"上,有人大代表提议,要做好产业互联网安全保障工作,建立政府、企业、服务机构等多方协同联动的安全治理机制;重视参与国际交流合作,加快推进开放型世界经济建设。

人大代表们的积极建议在我国数字经济的成型与发展中发挥了重要作用。目前,我国正处于传统经济转型变革、数字经济蓬勃发展关键时期,加快互联网从消费互联网向产业互联网发展,必将为促进相关产业健康发展注入"强心剂"。

(3)完善法律法规与行业制度

"摸着石头过河"的思维从互联网时代的开始一直都在影响我们的决策和建设,造成行业法规不完善现象一直存在。正是用户个人信息安全、数据安全、数据立法等方面的滞后,造成了当下数字经济规模与基础建设不匹配的突出矛盾。大数据作为数字经济的基础,产业发展方面的重大隐患将直接影响产业长远发展。要实现有序健康发展,就必须完善健全法律法规与行业标准,统筹规划数字产业。只有从源头治理数字产业,确保国家数字经济环境安全,才能保障数字经济长足发展。

10.4 未来已来,将至已至

进入 21 世纪,人类对信息化的迫切需求提升到前所未有的高度。与此同时,全球信息化进程迈入各行业全面渗透、各领域跨界融合、技术加速创新、产业引领发展的新时代。新一代信息技术创新的代际周期大幅度压缩,创新活力、集聚效应和应用潜能裂变式释放,快速、广泛、深入地引发了新一轮科技革命和产业变革。物联网、云计算、大数据、人工智能、区块链等高新技术驱动网络空间从"人人互联"向"万物互联"演进,数字化、网络化、智能化服务将无处不在。现实世界和数字世界日益交汇融合,全球治理体系面临深刻变革。

"第四次工业革命"正在以摧枯拉朽之势改造着世界。其中,尤以大数据为代表的新技术应用对整个社会的影响最为显著而深刻。大数据正快速发展为发现新知识、创造新价值、提升新能力的新一代信息技术和服务业态,已成为国家基础性、战略性资源,成为推动我国经济转型发展的新动力、重塑国家竞争优势的新机遇和提升政府治理能力的新途径。

美国数学家、信息论创始人香农说:"物质、能量、信息是客观世界的三要素。"哈佛大学政策信息学教授欧廷格说:"没有物质什么都不存在;没有能量什么都不会发生;没有信息什么都没有意义。"人类已经进入大数据时代,人类的一切领域都正在或将用大数据进行重新审视。

世界是物质的,物质是运动的,只要有运动,就有数据。在大数据时代,应该时时处处将数据思维渗透到人类生活的方方面面,用数据说话,用数决策,用数据管理,用数据创新。大数据时代之前,人类所获数据仅有一部分获得了理解和利用,更多的数据仅仅是自然存在着,等待被发现、解释和运用。从理论上说,数据量越大,越能认识和把握事物的本质,然而人们习惯于使用有限的数据来分析和获得知识。长期以来,人们主要基于抽样方法,利用局部的、片面的数据来分析解决问题,在无法获得实证数据的情况下,甚至纯粹依赖经验、假设和价值观去探究和预测未知领域的规律。

在大数据时代,人类第一次有机会使用全面、完整、系统的数据资源。麻省理工学院的布伦乔尔森教授形象地说:"显微镜的出现将人类对自然界的观测推进到了'细胞'级别,而大数据将是观测人类自身的'显微镜'和监测自然的'仪表盘'。"采样是传统的数据分析方式,采样可抓取到一定的数据特征,即所谓的"见微知著",而依赖大数据技术可以做到倾听每个个体的声音,而不是把大部分个体发出的声音当作噪声过滤掉。有了科学的大数据分析方法,就可以把对事物的有限认识上升为系统认识,把有限理性上升为真正理性。

在大数据时代,必须抛弃孤立思维,坚持体系思维、全局思维,从事物普遍联系的角度分析问题。大数据最大的魅力是用大量看似毫不相关的数据去解决更不相关的问题。在大数据时代,有关和无关的界限已经打破,数据就像洪水一样淹没了原本分隔的孤岛,因而数据分析所产生的结论也往往出人意料。如果未来可以利用大数据技术实现多学科、多领域综合,也许可以改变原有的科学研究方法,由此产生谁也想象不出的神奇结果。

大数据如同一个有力的杠杆,可以撬动世界,撬动人类社会未来发展的美好前景。美国未来学家阿尔文·托夫勒曾断言:"掌握信息、控制网络之人将掌控整个世界。"大数据给当今时代赋予了新的内涵和意义,这将是一个前所未有的好时代。让我们利用好大数据这个工具,创造更加美好的生活。

参 考 文 献

[1] 阿尔文·托夫勒. 第三次浪潮[M]. 黄明坚, 译. 北京: 中信出版社, 2006.
[2] 邬贺铨. 大数据思维[J]. 科学与社会, 2014, 4(1): 1-13.
[3] 连玉明. 人类社会从 IT 时代到 DT 时代[J]. 商业文化, 2016(11): 66-69.
[4] 王露等. 大数据领导干部读本[M]. 北京: 人民出版社, 2015.
[5] 邬贺铨. 大数据时代的机遇与挑战[J]. 求是, 2013(04): 47-49.
[6] 车品觉. 决战大数据[M]. 杭州: 浙江人民出版社, 2016.
[7] 大数据战略重点实验室. DT 时代: 从"互联网+"到"大数据×"[M]. 北京: 中信出版社, 2015.
[8] 李德伟, 顾煌王, 海平, 等. 大数据改变世界[M]. 北京: 电子工业出版社, 2013.
[9] 赵国栋, 易欢欢, 糜万军, 等. 大数据时代的历史机遇: 产业变革与数据科学[M]. 北京: 清华大学出版社, 2013.
[10] 涂子沛. 大数据: 正在到来的数据革命, 以及它如何改变政府、商业与我们的生活[M]. 南宁: 广西师范大学出版社, 2013.
[11] 涂子沛. 数据之巅: 大数据革命、历史、现实与未来[M]. 北京: 中信出版社, 2014.
[12] 李志刚, 朱志军. 大数据: 大价值、大机遇、大变革[M]. 北京: 电子工业出版社, 2012.
[13] 黄颖. 一本书读懂大数据[M]. 长春: 吉林出版集团有限责任公司, 2014.
[14] 马建光, 姜巍. 大数据的概念、特征及其应用[J]. 国防科技, 2013, 34(02): 10-17.
[15] 陆茜. "互联网+"与"大数据×": 新时代国家治理能力现代化的战略引擎[J]. 领导科学, 2019(08): 38-41.
[16] 黄宜华. 深入理解大数据: 大数据处理与编程实践[M]. 北京: 机械工业出版社, 2014.
[17] 孙强, 张雪峰. 大数据决策学论纲: 大数据时代的决策变革[J]. 华北电力大学学报: 社会科学版, 2014(4): 33-37.
[18] 张兰廷. 大数据的社会价值与战略选择[D]. 北京: 中共中央党校, 2014.

[19] 周宝曜，刘伟，范承工. 大数据：战略·技术·实践[M]. 北京：电子工业出版社，2013.

[20] 中华人民共和国国民经济和社会发展第十三个五年规划纲要[EB/OL]. http://www.xinhuanet.com//politics/2016lh/2016-03/17/c_1118366322.htm.

[21] 国务院. 国务院关于印发促进大数据发展行动纲要的通知[EB/OL]. http://www.gov.cn/zhengce/content/2015-09/05/content_10137.htm.

[22] US open government directive [EB/OL]. https://www.whitehouse.gov/open/documents/open-government-directive.

[23] 美国：大数据国家战略[EB/OL]. http://www.china-cloud.com/yunzixun/yunjisuanxinwen/20140107_22578.html.

[24] The White House. Big data is a big deal [EB/OL]. http://www.whitehouse.gov/blog/2012/03/29/big-data-big-deal.

[25] NITRD. The federal big data research and development strategic plan [EB/OL]. https://www.nitrd.gov/ PUBS/big- datardstrategicplan.pdf.

[26] 邓子云，杨子武. 发达国家大数据产业发展战略与启示[J]. 科技和产业，2017，17(6)：8-13.

[27] 李一男. 世界主要国家大数据战略的新发展及对我国的启示——基于PV-GPG框架的比较研究[J]. 图书与情报，2015(2)：61-68.

[28] 李月，侯卫真，李琳琳. 我国地方政府大数据战略研究[J]. 情报理论与实践，2017，40(10)：35-39.

[29] 张影强，张大璐，梁鹏. 发达国家推进大数据战略的经验与启示[C]. 国际经济分析与展望(2017—2018). 2018.

[30] 中国国际经济交流中心大数据战略课题组，张影强，张大璐，等. 发达国家如何布局大数据战略[J]. 中国经济报告，2018(1)：87-89.

[31] 禹艳. 美国的大数据国家战略研究[D]. 长春：吉林大学，2017.

[32] 闫晓丽. 欧盟数据保护制度的变革及启示[J]. 网络空间安全，2017，8(2)：22-26.

[33] 中国信息安全编辑部. 世界主要国家的大数据战略和行动[J]. 中国信息安全，2015(5)：66-71.

[34] 张勇进，王璟璇. 主要发达国家大数据政策比较研究[J]. 中国行政管理，2014(12).

[35] 徐继华，冯启娜，陈贞汝. 智慧政府：大数据治国时代的来临[M]. 北京：中信出版社，2014.

[36] 深圳市人民政府办公厅. 深圳市人民政府办公厅关于印发《深圳市促进大数据发展行动计划（2016—2018 年）》的通知[EB/OL].（2016-11-22）[2017-05-10]. http://www.sz.gov.cn/zfgb/2016/gb980/201611/t20161122_5383530.htm.

[37] 北京市人民政府办公厅. 北京市大数据和云计算发展行动计划（2016—2020 年）[EB/OL].（2016-08-18）[2017-05-10]. http://zhengwu.beijing.gov.cn/gh/dt/t1445533.htm.

[38] 江苏省人民政府. 省政府关于印发江苏省大数据发展行动计划的通知[EB/OL].（2016-08-31）[2017-05-10]. http://www.js.gov.cn/jsgov/tj/bgt/201608/t20160831507348.html.

[39] 江西省人民政府. 江西省人民政府关于印发促进大数据发展实施方案的通知[EB/OL].（2016-01-23）[2017-05-10]. http://www.jiangxi.gov.cn/zzc/ajg/szf/201605/t20160527_1268794.htm.

[40] 维克托•迈尔-舍恩伯格，肯尼思•库克耶. 大数据时代：生活、工作与思维的大变革[M]. 盛杨燕，周涛，译. 杭州：浙江人民出版社，2013.

[41] 艾伯特•巴拉巴西. 爆发：大数据时代预见未来的新思维[M]. 北京：中国人民大学出版社，2012.

[42] 何明，等. 互联网+思维与创新：通往未来的+号[M]. 南京：江苏凤凰科学技术出版社，2017.

[43] 原建勇. 大数据思维的认知预设、特征及其意义[D]. 太原：山西大学，2018.

[44] Etzion D，A Correa J A. Big data management and sustainability: strategic opportunities ahead[J]. Organization and Environment，2016(2)：147.

[45] 张维明，唐九阳. 大数据思维[J]. 指挥信息系统与技术，2015，6(2)：1-4.

[46] 黄欣荣. 大数据时代的思维变革[J]. 重庆理工大学学报：社会科学版，2014，28(5)：13-18.

[47] 周世佳. 大数据思维探析[D]. 太原：山西大学，2015.

[48] 罗淑彦. 大数据技术推动人类思维方式变革的哲学研究[D]. 广州：华南理工大学，2017.

[49] Steven Levy. Google throws open doors to its top-secret data center [EB/OL]. https://www.wired.com/2012/10/ff-inside-google-data-center.

[50] Kevin Drum. The counterintuitive world[EB/OL]. https://www.motherjones.com/kevin-drum/2010/09/counterintuitive-world.

[51] 段云峰, 秦晓飞. 大数据的互联网思维[M]. 北京: 电子工业出版社, 2015.

[52] 张力. 用大数据思维打造市场竞争力[N]. 中国证券报, 2019-03-02 (A08).

[53] 蒋卫东. 大数据思维的十大原理[J]. 市场观察: 广告主, 2016 (5): 60-65.

[54] 凤凰品城市. 城市论坛: 政府财政信息透明度该如何把握[EB/OL]. http://www.sohu.com/a/126536199_488812.

[55] 余海岗, 段培君. 领导干部要善于运用大数据[J]. 中国领导科学, 2019 (02): 57-60.

[56] 刘在平. 大数据时代的决策思维[J]. 珠江论丛, 2017 (01): 23-38.

[57] 掌桥科研. AlphaGo 在世界围棋界战无不胜, 人工智能真这么厉害？我看不是![EB/OL]. http://baijiahao.baidu.com/s?id=1627783934231195229&wfr=spider&for=pc.

[58] 中国信息通信研究院. 大数据白皮书 (2018 年). [EB/OL] http://www.cac.gov.cn/wxb_pdf/baipishu/dashuju020180418587931723585.pdf.

[59] 中国电子技术标准化研究院. 大数据标准化白皮书 (2018). [EB/OL] http://www.cesi.cn/images/editor/20180402/20180402120211919.pdf.

[60] 童楠楠, 朝乐门. 大数据时代下数据管理理念的变革: 从结果派到过程派[J]. 情报理论与实践, 2017, 40 (2): 60-65.

[61] 汪晓文, 曲思宇, 张云晟. 中、日、美大数据产业的竞争优势比较与启示[J]. 图书与情报, 2016 (3): 67-74.

[62] 邓子云, 杨子武. 发达国家大数据产业发展战略与启示[J]. 科技和产业, 2017, 17 (6): 8-13.

[63] 谢卫红, 樊炳东, 董策. 国内外大数据产业发展比较分析[J]. 现代情报, 2018, 38 (9): 113-121.

[64] 赛迪智库. 2019 年中国大数据产业发展形势展望[N]. 中国计算机报, 2019-03-25 (008).

[65] 工业和信息化部. 大数据产业发展规划 (2016—2020 年) [EB/OL]. http://www.miit.gov.cn/n1146295/n1652858/n1652930/n3757016/c5464999/part/5465010.doc.

[66] 中国电子信息产业发展研究院. 中国大数据产业发展水平评估报告 (2018 年) [EB/OL]. http://www.cbdio.com/BigData/2018-04/26/content_5707354.htm.

[67] 王婷. 贵州发展大数据产业的比较优势研究[D]. 贵阳：贵州财经大学，2016.

[68] 王伟玲. 大数据产业的战略价值研究与思考[J]. 技术经济与管理研究，2015(1)：117-120.

[69] 西凤茹，王圣慧，李天柱，等. 基于大数据产业链的新型商业模式研究[J]. 商业经济研究，2014(21)：86-88.

[70] 九次方大数据研究院. 中国产业链大数据白皮书[J]. 国际融资，2015(01)：14-17.

[71] 朝乐门，马广惠，路海娟. 我国大数据产业的特征分析与政策建议[J]. 情报理论与实践，2016，39(10)：5-10.

[72] 中国连锁编辑部. 中国大数据产业发展现状报告[J]. 中国连锁，2017(2)：79-81.

[73] 刘迎霜. 大数据时代个人信息保护再思考——以大数据产业发展之公共福利为视角[J]. 社会科学，2019(03)：100-109.

[74] C L Philip Chen，Chun-Yang Zhang. Data-intensive applications，challenges，techniques and technologies：a survey on big data[J]. Information Sciences，2014：275.

[75] 李学龙，龚海刚. 大数据系统综述[J]. 中国科学：信息科学，2015，45(01)：1-44.

[76] 顾荣. 大数据处理技术与系统研究[D]. 南京大学，2016.

[77] 程学旗，靳小龙，王元卓，等. 大数据系统和分析技术综述[J]. 软件学报，2014，25(09)：1889-1908.

[78] 杨俊杰，廖卓凡，冯超超. 大数据存储架构和算法研究综述[J]. 计算机应用，2016，36(9)：2465-2471.

[79] 申德荣，于戈，王习特，等. 支持大数据管理的 NoSQL 系统研究综述[J]. 软件学报，2013(8)：1786-1803.

[80] Shvachko K，Kuang H，Radia S，et al. The Hadoop Distributed File System[C]. IEEE Symposium on Mass Storage Systems & Technologies，2010.

[81] Dean，Jeffrey，Ghemawat，et al. MapReduce： A flexible data processing tool[J]. Communications of the ACM，2010，53(1)：72-77.

[82] 鲁亮，于炯，卞琛，等. 大数据流式计算框架 Storm 的任务迁移策略[J]. 计算机研究与发展，2018，55(1)：71-92.

[83] 吴信东，嵇圣砣. MapReduce 与 Spark 用于大数据分析之比较[J]. 软件学报，2018，29(6)：260-281.

[84] 吕登龙, 朱诗兵. 大数据及其体系架构与关键技术综述[J]. 装备学院学报, 2017, 28(1): 86-96.

[85] Luciano Floridi. Big data and their epistemological challenge[J]. Philos Technol, 2012(25): 435-437.

[86] 刘智慧, 张泉灵. 大数据技术研究综述[J]. 浙江大学学报: 工学版, 2014, 48(06): 957-972.

[87] 孔钦, 叶长青, 孙赟. 大数据下数据预处理方法研究[J]. 计算机技术与发展, 2018, 28(05): 1-4.

[88] 薛益定. 中文情感分析研究综述[J]. 电脑编程技巧与维护, 2016(5): 22-24.

[89] 熊赟, 朱扬勇. 特异群组挖掘: 框架与应用[J]. 大数据, 2015(2): 66-77.

[90] 张素智, 张琳, 曲旭凯. 图数据挖掘技术的现状与挑战[J]. 现代计算机: 专业版, 2015(26): 52-57.

[91] 苏林忠. 大数据下的用户行为的分析[J]. 科技通报, 2017(05): 137-141.

[92] 吴清强. 网络用户行为分析法和建模法研究综述[J]. 数字图书馆论坛, 2015(11): 39-43.

[93] 陈炜. 基于大数据技术的用户行为分析系统的研究[D]. 西安: 西安科技大学, 2018.

[94] 马友忠, 张智辉, 林春杰. 大数据相似性连接查询技术研究进展[J]. 计算机应用, 2018, 38(4): 978-986.

[95] 庞俊, 于戈, 许嘉, 等. 基于 MapReduce 框架的海量数据相似性连接研究进展[J]. 计算机科学, 2015, 42(1): 1-5.

[96] 杨李婷, 陈翰雄. 用户兴趣建模综述[J]. 软件导刊, 2015, 14(10): 20-23.

[97] 吕健. 面向移动互联网的用户兴趣度分析及应用[D]. 武汉: 武汉理工大学, 2017.

[98] 孙大为, 张广艳, 郑纬民. 大数据流式计算: 关键技术及系统实例[J]. 软件学报, 2014, 25(04): 839-862.

[99] Wikipedia. Convolutional neural network [EB/OL]. https://en.wikipedia.org/wiki/Convolutional_neural_network.

[100] 任磊, 杜一, 马帅, 等. 大数据可视分析综述[J]. 软件学报, 2014, 25(09): 1909-1936.

[101] 崔迪, 郭小燕, 陈为. 大数据可视化的挑战与最新进展[J]. 计算机应用, 2017,

37（7）：2044-2049.

[102] 浙江大学可视分析小组. TextFlow：分析文本的主题演化[EB/OL]. http://www.cad.zju.edu.cn/home/vagblog/?p=360.

[103] Obama's 2012 Budget Proposal：How $3.7 Trillion is Spent [EB/OL]. http://www.nytimes.com/ packages/ html/newsgraphics/2011/0119-budget/index.html.

[104] Inselberg A，Dimsdale B. Parallel coordinates： A tool for visualizing multi-dimensional geometry [C]. In： Kaufman A，ed. Proc. of the Visualization. San Francisco：IEEE Press，1990：361-378.

[105] 冯登国，张敏，李昊. 大数据安全与隐私保护[J]. 计算机学报，2014，37(01)：246-258.

[106] 王丹，赵文兵，丁治明. 大数据安全保障关键技术分析综述[J]. 北京工业大学学报，2017，43(3)：335-349.

[107] 唐齐鲁，胡春风，蒋斌. 关于构建大数据时代市场监管新模式的思考[J]. 中国市场监管研究，2017(2)：64-68.

[108] 陶利军. 基层市场监管大数据技术应用现状及思考[J]. 中国市场监管研究，2018(03)：61-63.

[109] 颜海娜，曾栋. 大数据背景下市场监管模式的创新探索——以南沙自贸片区为例[J]. 探求，2018(01)：32-45.

[110] 范宇翔. 大数据时代上海市场监管模式转型研究[D]. 上海：上海师范大学，2017.

[111] 李晓鹏. 大数据时代市场监管模式研究[D]. 郑州：郑州大学，2016.

[112] 张佳. 海珠区工商局运用大数据企业监管问题研究[D]. 广州：华南理工大学，2016.

[113] 石高平. 市场监管大数据应用实践与思考[N]. 中国工商报，2017-10-17(003).

[114] 陶勇，文通，袁瑞丰."十三五"市场监管大数据专项规划研究[J]. 中国工商管理研究，2015(08)：36-39.

[115] 施建军. 简政放权背景下的市场监管模式创新——基于"互联网+信用+大数据"模式的工商监管[J]. 中国工商管理研究，2015(06)：23-27.

[116] 杨永斌，李笑扬. 基于大数据技术的智能交通管理与应用研究[J]. 重庆工商大学学报：自然科学版，2019，36(02)：73-79.

[117] 杨琪，刘冬梅. 交通运输大数据应用进展[J]. 科技导报，2019(06)：66-72.

[118] 熊刚，董西松，朱凤华，等. 城市交通大数据技术及智能应用系统[J]. 大数据，2015，1(4)：81-96.

[119] 中国搜索头条. 架构篇|借助大数据解决现代交通困境[EB/OL]. http://toutiao.chinaso.com/dsj/detail/20170206/1000200033002801486362881048090359_1.html.

[120] Chen W，Guo F，Wang F Y. A survey of traffic data visualization[J]. IEEE Transactions on Intelligent Transportation Systems，2015，16(6)：2970-2984.

[121] Zheng X，Chen W，Wang P，et al. Big data for social transportation[J]. IEEE Transactions on Intelligent Transportation Systems，2016，17(3)：620-630.

[122] Li Z，Fei R Y，Wang Y，et al. Big data analytics in intelligent transportation systems：a survey[J]. IEEE Transactions on Intelligent Transportation Systems，2018(99)：1-16.

[123] Paden B，Čáp M，Yong S Z，et al. A survey of motion planning and control techniques for self-driving urban vehicles[J]. IEEE Transactions on Intelligent Vehicles，2016，1(1)：33-55.

[124] 田薇，张锦明，龚建华. 面向不同主题的交通大数据可视分析[J]. 测绘科学技术学报，2017，34(01)：102-105.

[125] 许世卫，王东杰，李哲敏. 大数据推动农业现代化应用研究[J]. 中国农业科学，2015，48(17)：3429-3438.

[126] 吴重言，吴成伟，熊燕玲，等. 农业大数据综述[J]. 现代农业科技，2017(17)：290-292.

[127] 钱亮. 对农业大数据应用的思考[J]. 中国农业信息，2016(7)：7-8.

[128] 刘勍. 大数据在农业领域的探索与应用研究[D]. 北京：中国农业科学院，2017.

[129] 王一鹤，杨飞，王卷乐，等. 农业大数据研究与应用进展[J]. 中国农业信息，2018，30(04)：48-56.

[130] 王丽娟，信丽媛，贾宝红，等. 农业大数据平台的研究进展与应用现状[J]. 天津农业科学，2018，24(10)：10-12，21.

[131] 温孚江，宋长青. 农业大数据应用、研究与展望[J]. 农业网络信息，2017(5)：31-36.

[132] 郭雷风. 面向农业领域的大数据关键技术研究[D]. 北京：中国农业科学院，2016.

[133] 赵冰，毛克彪，蔡玉林，等. 农业大数据关键技术及应用进展[J]. 中国农业信息，2018，30(06)：25-34.

[134] 李涛. 我国农业大数据建设探究[J]. 公路交通科技:应用技术版,2016(6):319-321.

[135] 吴炳方,张淼,曾红伟,等. 大数据时代的农情监测与预警[J]. 遥感学报,2016,20(5):1027-1037.

[136] 王克照. 智慧政府之路:大数据、云计算、物联网架构应用[M]. 北京:清华大学出版社,2014.

[137] 冉蔚然. 大数据背景下的政府管理创新研究[D]. 重庆:重庆大学,2016.

[138] 杨治坤. 大数据背景下政府治理变革之道[J/OL]. 江汉大学学报:社会科学版,2019(02):32-41,124-125.

[139] 和军,谢思.基于大数据的政府监管能力:区域比较与提升重点[J]. 经济体制改革,2019(02):13-19.

[140] 陈之常.应用大数据推进政府治理能力现代化——以北京市东城区为例[J]. 中国行政管理,2015(02):38-42.

[141] 于施洋,王建冬,童楠楠. 国内外政务大数据应用发展述评:方向与问题[J]. 电子政务,2016(1):2-10.

[142] 王留军,肖迎霜. 从武汉的实践看我国政务大数据建设的现状、问题和建议[J]. 电子政务,2017(07):85-91.

[143] 武锋,张影强. 政务大数据建设中的问题及政策建议[J]. 社会治理,2017(7):49-52.

[144] Siddiqa A, Hashem I A T, Yaqoob I, et al. A survey of big data management: taxonomy and state-of-the-art[J]. Journal of Network and Computer Applications, 2016, 71: 151-166.

[145] Kim G H, Trimi S, Chung J H . Big-data applications in the government sector[J]. Communications of the Acm, 2014, 57(3):78-85.

[146] 李刚. 积极推进公安大数据战略[N]. 人民公安报,2019-03-16(004).

[147] 吴之辉,丁红军,尚欣. 警务大数据的应用与建设[J]. 天津法学,2017,33(01):102-106.

[148] 刘翔,彭成. 警务大数据关键技术研究及多轨联侦应用探索[J]. 中国安全防范技术与应用,2018(04):66-71.

[149] 鲍晓燕. 深化大数据警务建设路径的思考[J]. 北京警察学院学报,2018(05):51-54.

[150] 戴明锋,孟群. 医疗健康大数据挖掘和分析面临的机遇与挑战[J]. 中国卫生信息管

理杂志，2017，14（2）：126-130.

[151] 舒影岚，陈艳萍，吉臻宇，等. 健康医疗大数据研究进展[J]. 中国医学装备，2019，16（01）：143-147.

[152] 张世红，史森，杨小冉. 健康医疗大数据应用面临的挑战及策略探讨[J]. 中国卫生信息管理杂志，2018，15（06）：629-632，658.

[153] Bonnie L，Westra，Jessica J，Peterson. Big data and perioperative nursing[J]. AORN Journal，2016：104（4）.

[154] 王东杰. 大数据视角下的粮食安全预警研究[D]. 北京：中国农业科学院，2017.

[155] 高巍，吴俊杰，王建军. 大数据时代粮食储备管理与监测预警变化分析[J]. 粮食科技与经济，2017，42（06）：14-16.

[156] 王振兴，韩伊静，李云新. 大数据背景下社会治理现代化：解读、困境与路径[J]. 电子政务，2019（04）：84-92.

[157] 傅志华. 大数据时代面临的七个挑战和八大趋势[J]. 大数据时代，2018，17（8）：12-21.

[158] Bello-Orgaz G，Jung J J，Camacho D . Social big data：recent achievements and new challenges[J]. Information Fusion，2015(28)：45-59.